青岛城市道路建设与发展

徐海博　邹淑国　主编

中国海洋大学出版社

·青岛·

图书在版编目（CIP）数据

青岛城市道路建设与发展 / 徐海博，邹淑国主编. —青岛：中国海洋大学出版社，2021.6
ISBN 978-7-5670-2850-0

Ⅰ.①青⋯　Ⅱ.①徐⋯　②邹⋯　Ⅲ.①城市道路—道路建设—研究—青岛　Ⅳ.①U412.37

中国版本图书馆CIP数据核字（2021）第111648号

出版发行	中国海洋大学出版社
社　　址	青岛市香港东路23号　　邮政编码　266071
网　　址	http://pub.ouc.edu.cn
出 版 人	杨立敏
责任编辑	由元春　　　　　电　　话　15092283771
电子信箱	94260876@qq.com
印　　制	蓬莱利华印刷有限公司
版　　次	2021年7月第1版
印　　次	2021年7月第1次印刷
成品尺寸	185 mm × 260 mm
印　　张	16.5
字　　数	308千
印　　数	1～1000
定　　价	48.00元
订购电话	0532-82032573（传真）

编委会

前　言

　　作为一座城市的重要元素，一条条道路承载着人们无尽的记忆，也折射着城市的发展与变迁。

　　城市道路基础设施系统作为与城市发展过程中逐步形成和完善的骨架体系，影响着城市土地利用的可达性、指向性与增值性，对于城市空间布局的拓展、城市形态结构的构建发展、城市产业布局的选择优化以及城市经济的可持续发展具有重大意义。城市应结合自身的自然、历史、人文、产业等条件，立足于区域协同发展；加快以道路交通为重点的城市基础设施建设，促进城市道路交通网络的建设发展，为城市人文、物质、经济、信息的交流提供通达与保障条件。

　　很多现代城市的形成与发展都是基于港口和铁路的建设，而19世纪末仍然是一座小渔村的青岛能够后来居上，其优势就在于港口设施的先进性以及港口、铁路、城市三位一体的紧密关系。早在德占时期，青岛这座孕育中的城市通过城市规划布局、港口的选址以及胶济铁路的建设，为后来城市形态的形成及此后的发展奠定了基础。

　　沈鸿烈在青岛执政6年，注重抓市政建设，城市全面实施的物质建设与文化建设、市区与乡区兼筹并进的发展政策，以及"长远整体的观点、通盘的筹划、具体的实施步骤"策略，使青岛的城市格局初具规模。中华人民共和国成立后，将现代文明从城市推向乡村，推动了青岛现代化发展的进程，使青岛逐渐发展成为中国北方重要的工业、外贸、港口城市，确立了青岛在中国现代城市中的地位。1992年开始实施的东部开发的战略决策，则为大青岛的城市发展提供了广阔的空间格局，为青岛走向国际性大城市提供了保障。

　　从百年中山路、台柳路，到小白干路、湛流干路，再到结束"青黄不接"的胶州湾海底隧道、世界最长的胶州湾跨海大桥；从杭州路立交桥、雁山立交桥，到海信立交桥、澳柯玛立交桥，再到重庆路全定向立交桥，青岛城市的建设发展伴随着城市道路的建设不断延伸。一条条规划道路的打通、改造，一座座立交的建设、串联，使得青岛城市的空间结构更加清晰、城市的物联互通更有保障、城市的发展更具生机与活力。

目　录

第一章　城市发展历程 　001

　第一节　历史沿革 　001

　第二节　城市建设历程 　002

第二章　早期城市道路建设的代表性工程 　004

　第一节　中国最早的公路——百年台柳路 　004

　第二节　曾经唯一的高等级公路——小白干路（重庆路） 　008

　第三节　中国第一座预应力混凝土连续曲梁桥——铁港—杭州路立交桥 　011

　第四节　国内最大的公路立交桥——流亭立交桥 　013

　第五节　第一座三层环式立交桥 　014

第三章　近期重要道路建设工程 　016

　第一节　胶宁高架路一、二期工程 　016

　第二节　胶宁高架路三期工程 　023

　第三节　杭鞍高架路一期工程 　035

　第四节　胶州湾湾口海底隧道接线工程 　041

　第五节　青岛海湾大桥青岛端接线工程 　048

　第六节　胶州湾高速公路（市区段）拓宽改造工程 　060

　第七节　新冠高架路工程 　080

　第八节　深圳路与辽阳路立交工程 　091

　第九节　胶州湾高速出口道路改造工程 　098

第十节 江山路与齐长城路立交工程 157

第十一节 双元路与双积路立交工程 168

第四章 城市道路建设的经验及创新理念 184

第一节 交通整治带来的城市设计整合——以波士顿大开挖为例 184

第二节 构建城市与自然和谐的结合——以清溪川重建工程为例 197

第三节 重现历史风貌重塑滨江功能——以上海外滩通道为例 207

第五章 BIM技术的应用 224

第一节 BIM设计的特点及应用 225

第二节 青岛市城市道路建设中BIM的应用 231

参考文献 254

第一章

≪ **城市发展历程**

第一节 历史沿革

青岛地区昔称胶澳。

1891 年（清光绪十七年）清政府议决在胶澳设防，青岛由此建置。1897 年 11 月，德国以"巨野教案"为借口强占胶澳，并强迫清政府于 1898 年 3 月 6 日签订《胶澳租界条约》。从此，胶澳沦为殖民地，山东也划入了德国的势力范围。第一次世界大战爆发后，1914 年 11 月，日本取代德国侵占胶澳，进行军事殖民统治。

第一次世界大战结束后，中国人民为收回青岛进行了英勇斗争。1919 年，由于青岛主权问题，引发了著名的五四运动，迫使日本于 1922 年 2 月 4 日同中国政府签订了《解决山东悬案条约》。同年 12 月 10 日，中国收回胶澳，开为商埠，设立胶澳商埠督办公署，直属北洋政府，其行政区域与德胶澳租界地相同。1929 年 4 月，南京国民政府接管胶澳商埠，同年 7 月设青岛特别市。1930 年改称青岛市。

1938 年 1 月，日本再次侵占青岛。1945 年 9 月，国民党政府在美国支持下接收青岛，仍为特别市。1949 年 6 月 2 日，青岛解放。青岛解放后，改属山东省省辖市。1981 年青岛被列为全国 15 个经济中心城市之一；1984 年 4 月，青岛被列为全国 14 个进一步对外开放的沿海港口城市之一；1986 年 10 月 15 日，青岛被国务院正式批准在国家计划中实行单列，赋予省一级经济管理权限；1994 年 2 月，青岛被列为全国 15 个副省级城市之一。

第二节　城市建设历程

（一）德占时期青岛的城市空间演化（1887—1914）

青岛城市发展是1887年德国侵占青岛后，从最南端的港口开始的。自1898年始德国人将原沿海一带的中国居民迁移，进行了大规模的城市建设，相继建成小港码头、胶济铁路、青岛火车站、四方机车厂，具备了一定的城市规模和雏形。1910年德国人第二次编制了青岛城市规划，规划市区面积比原市区扩大了4倍，重点发展商业贸易。

（二）第一次日占时期青岛的城市空间演化（1914—1922）

1914年，日本帝国主义占领青岛，将青岛作为其掠夺山东和华北物资的基地。随着工商业的发展，堂邑路、聊城路等处建成了日侨商业和居住区，称为"新市区"。四方、沧口一带建起大片简陋住宅，并建成一批由日本人主持的学校、医院及其他公共建筑。青岛至沧口、青岛至李村的公路和大量市区道路先后建成，城市空间布局沿胶州湾东岸继续向北发展。

（三）民国政府时期青岛的城市空间演化（1922—1938）

1922年，中国北洋政府接收青岛，辟为"胶澳商埠"。1929年，南京国民政府接收青岛，设立青岛特别市。这一时期，青岛的城市建设得到了较快发展，当局进行了较大规模的城市建设，汇泉角、太平角、八大关别墅区、莱阳路住宅区、中山路银行群等陆续形成，大港增建二号码头，并建成大批公建和游览、体育设施。1937年，青岛市区人口达到38.5万，青岛已成为引人注目的休养避暑游览胜地。

（四）第二次日占时期至中华人民共和国成立前青岛的城市空间演化（1938—1949）

1938年，日本再次占领青岛，并于次年6月将行政区扩大到胶县、即墨，称为大青岛。同年拟订了"青岛特别市地方计划"（即大青岛市区域规划）和"母市计划"（即青岛市区规划），但这些计划都未实现。日本占领青岛的8年间，在城市建设方面，为扩大港口运输而辟建了大港六号码头，为适应日本人长期居住的需要，建造了部分住宅，修建了少量道路等市政设施，其他方面没有大的发展。

（五）中华人民共和国成立后至改革开放前青岛的城市空间演化（1949—1978）

青岛市的快速发展是在中华人民共和国成立后。1951年，青岛市的行政区划得到了重新调整，设市南、台西、市北、台东、四方、沧口6个区及崂山区。1952年，青岛城市建成区面积达30.2 km²。

"一五"期间，根据国家计划安排，青岛作为一座沿海工业和港口城市，投资进行了一些重点项目的建设。城市空间格局沿海岸线向北扩展到四方、沧口一带，城市人口增长较快。据1957年统计，城市建成区面积为35.6 km²。

1958年"大跃进"以后，青岛建成了小白干路等几条道路。小白干路平行于胶州湾东岸，纵穿四方、沧口两区，它的开通使城市布局更快地向北扩展。

（六）改革开放至20世纪90年代中期青岛的城市空间演化（1978—1994）

自20世纪70年代中期开始，随着黄岛油码头的建设，与青岛老市区隔海相望的黄岛迅速发展成为新城镇，建设了市政公用设施。1978年青岛正式建立黄岛区，成为青岛市区之一。

1984年，中央确定青岛为十四个沿海开放城市之一。青岛在大力引进先进技术、重点改造老企业的同时，决定在黄岛区内的薛家岛北部开辟经济技术开发区，在石老人和薛家岛南部开辟旅游开发区。经过10年的开发建设，开发区形成了良好的投资环境。

20世纪90年代中期，青岛市加快了城市东部的开发建设，新设立了青岛市高科技工业园、东部新区和石老人国家旅游度假区，东部成为青岛市新的政治、经济、文化中心，并确立了青岛的城市发展模式是除继续建设胶州湾东岸带形城市外，拓展两翼，即在胶州湾西岸建设黄岛新经济区，同时开发了崂山西部地区。

（七）1995年以来青岛城市空间的飞跃发展（1995—2004）

1995年以来，青岛城市空间进入了飞跃发展阶段，在1995年《青岛市城市总体规划》的指导下，城市总体结构基本上形成了以胶州湾东岸为主城、西岸为辅城、环胶州湾沿线为发展组团的"两点一环"的发展势态；主城和辅城为城市相对集中发展的区域；环胶州湾的棘洪滩、上马、红岛、河套、营海、红石崖镇六个发展组团为城市适度分散发展的区域；形成"相对集中与适度分散"相结合的城市组织结构关系；青岛的城市中心形成"一个主中心和五个副中心"的多中心均衡分布结构，成为城市发展的核心地区。

第二章

<<< **早期城市道路建设的代表性工程**

第一节 中国最早的公路——百年台柳路

《胶澳志·交通志》对青岛最早通行汽车的台柳路如此记载："德人来青，市道与村道同时并进……其村道首先修筑者为青岛沧口一路，次则为青岛李村一路，其后渐次兴修，由青岛经台东镇东吴家村、保儿、河西以达李村，由李村经东李村、下河、南龙口、九水以达柳树台……"

台柳路起自青岛市市北区东镇，也称台东，经吴家村、双山、河西、李村、九水，至崂山柳树台，全长31 020 m，宽4～10 m；1904年动工，1905年竣工；经改造后，于1907年通车。台柳路是青岛市也是山东省最早通行汽车的道路，在全国也是最早通行汽车的道路之一，被称为"中国第一条公路"。

1898年，德国租借胶州湾后不久，驻防的皇家海军高级医官莱尔切提出在崂山设立一座疗养院，他的建议被殖民当局采纳。于是，勘测部门经过对地质、水文、风力以及气候的考察，最终选址于崂山南九水的柳树台。1902年，疗养院开始兴建，其中，麦克伦堡公爵私人捐款最多，疗养院被命名为"麦克伦堡"。1904年9月1日，麦克伦堡疗养院建成并正式对外开放。疗养院由总督府建筑师普尔设计，建筑典雅优美，建筑为砖木结构，以木质材料为主，有3栋建筑物，里面有5间单人并带配套的客房，有5间5～7人的住房，同时，还建有食堂、吸烟室、阅览室、化妆室、娱乐室、女宾室、浴室等配套设施。该疗养院的疗养业务由一名卫生兵上士负责，伙房由一名护士兼管，医疗器械全部由德国运来。麦克伦堡疗养院成为20世纪初德国人和青岛达官贵族最喜爱的避暑胜地。疗养院的下方，有一幢简单、文雅的小别墅，是专门为总督盖的。

疗养院建成后，当时的道路状况已不能满足交通的需求。1906年德国工程师史克耐尔编制《一条公路的改造和移动的预算》（见青岛市档案馆德文档案《自来水厂存资》），内称："其中一部分已经有路基中自然存在的石块已露出地面，有的部分是满投乱石后加以覆盖的，有的路段车道很窄狭，已不符合要求，它仅3.3 m宽，而且是沿河床在－4 m高的墙壁上，车辆是无法躲让的，该段作为走廊也非无危险，只能骑马安全通过。"史克耐尔陈述多种理由，要求德政府批准进行改造。在此背景下，台柳路的修筑便应运而生。有关该路的修筑年度及状况，《胶澳志交通志》有如下记述："德人来青，市道与村道同时并进，台柳路的修建与柳树台疗养院等的营造同步进行。"

尔后，虽未发现该路之施工区及竣工的有关资料，但在1907年6月27日德胶澳总督府日令第三条中有麦克伦堡疗养院交通的规定："自即日起弗理查德商行于每星期三、六下午一点自中央饭店及于每星期四、六下午五点自麦克伦登车出发。"每星期内有两趟车往返于青岛市及麦克伦堡房，其费用属于政府及所辖单位，乘车者每人每次2元（墨西哥币）。这说明1907年6月台柳路的改造和移动已完成，并投入营业性使用，在此之前已初步建成并有非营业性车辆行驶。

图2.1　德国人修建台柳路

图2.2　麦克伦堡疗养院

图2.3　20世纪30年代的柳树台

随着麦克伦堡疗养院的开工建设，德国人于1903年动工，翌年修通了山东省第一条通行汽车公路——台柳路。台柳路由台东镇（今台东一带）起，经过太平镇，东、西吴家村，蜿蜒至双山山腰、广东公墓，下山过单山、华光村（20世纪50年代新建的村）、河西、保尔、李村、龙口、汉河村等，到达柳树台。当时，北九水至黑沙河是胶澳租借地的区界，因此，台柳路只能修建到柳树台。

图2.4　李村集旧照

据1910年英文版《青岛》记载：由青岛沿植林公路到河西，那边有一条翻修过的公路可到李村。李村河西岸有一个大的散市，李村河宽广，河床里很少看到流水，这里就成了每隔五天进行一次的集市。

在李村西北600 m处的一个小山上，有一幢标致的楼房，这是1899年设置的按察司，这里还有基督教会、教堂和校舍；华人牢狱也在这一带。

过了东李村、郑疃、刘家下河，由南龙口到风景如画的崂山谷，再行2 km就是（南）九水村，九水村在一条流水潺潺的山溪左岸。过北九水，经弹月桥，台柳路起头上山，盘曲蜿蜒，称"十八盘"，因劈山口也有一处"十八盘"，所以这里也叫"南十八盘"，从这里到山顶即是柳树台。

图2.5　柳树台保留的老台柳路痕迹

　　台柳路建成后，直到20世纪70年代末，一直是市区通往崂山的主要干道，沿途穿过村庄路过学校，赶集的、进山的，记忆最多的还是那些上师范的学生，这是市区师范生的必经之地，当时，李村师范学校也是青岛一所知名学校。

　　台柳路是一条百年老路，曾是进出青岛的大动脉。随着308国道和小白干路（现重庆路）的修建，这条路逐渐淡出人们的视野，而且已经四分五裂面目全非了。从李村往东的路段已"改名换姓"称为九水路；从山东路往西也"另立门户"改为西吴路；从鞍山路到海城宾馆的那一段也"嫁给"哈尔滨路了。现在的台柳路出现了约500 m的断节。

　　踟蹰在喧闹狭窄的台柳路，徜徉于郁郁葱葱的柳树台，追忆着过去的时光，沉思着历史上那些屈辱与沧桑、贪婪而又短暂的瞬间。那曾经被称之为"中国第一公路"的台柳路，已被岁月剪裁得支离破碎；那清幽雅静的麦克伦堡疗养院，也早已在日德战争的炮火中沦为尘土。台柳路已经被宽阔的公路、矗立的高楼大厦所替代，今日的繁华，湮没了昔日的苍凉，中国最早的一条公路如今也焕发出了勃勃生机。

图2.6　今日的台柳路两侧

第二节　曾经唯一的高等级公路——小白干路（重庆路）

小白干路，位于胶济铁路和308国道间，南北贯通，是进出青岛的主要干道，南起小村庄，北至白沙河，故称小（小村庄）白（白沙河）干路。除此之外，当时陆地上进出青岛的应该仅有其余两条路：四流路（四方到流亭）、台柳路（台东到崂山柳树台）。1935年，小白干路是一条蜿蜒曲折的乡村土路，从小村庄至夏庄，全长约13.8 km。

青岛解放后，随着楼山新工业区的开辟，城市交通运输日益繁重，使四流北路的交通十分拥挤。为此，青岛市城市建设局决定将小白干路辟建为一条交通干道。

图2.7　仍存在的小白干路路牌

1958年11月，小白干路工程指挥部对小白干路进行改建，总投资额224万元。该工程南起杭州路，北至四流北路，新辟路基长17 038 m。工程按三级公路标准设计，整体形变模量每平方米750千克以上，采用就地取材的沙砾铺装12厘米厚低级路面。在地下水（地下渗流水）特高之路段，铺设泥结碎石路面，并做防水处理。其中，李沧路至四流北路一段路基长7 074 m，宽22 m，面积155 628 m²。其路面宽14 m，面积99 036 m²；新建了3座石板桥，14座涵洞。李沧路至杭州路长10 020 m，铺设泥碎石路面宽14 m，面积140 280 m²；铺设黄沙路面宽12 m，面积120 240 m²；新建桥梁3座，条石涵洞20座，修筑雨水斗81座，拆迁房屋7 045 m²，迁移电杆77根。该工程于1959年年底竣工通车，成为市区北部又一条南北向交通干线，缓和了四流北路的交通压力。

图2.8　1958年新修建的小白干路

　　"文革"时期，"农业学大寨，工业学大庆"，将小白干路更名为大寨路，那个时候的"大寨路"还是郊区。1966年8月，对小白干路土路部分进行临时沥青表面处置；工程自人民路交口起，到市管路段与交通局管理路段分界处止，全长2 377.2 m。

　　至1971年，原铺沥青路面已出现破裂，且宽度较窄，不能满足需要。青岛市革命委员会投资419 458元，于1971年6～12月对人民路交口至交通局管理路段铺装了沥青路面。施工时充分利用旧路面的有利条件，共分三种路面结构五个段落进行铺设。第一段自人民路至青岛铸造机械学校门前；第二段自铸机学校门前至原市政工程处东门；第三段由原市政工程处东门至公路站大楼；第四段由公路站大楼到终点与公路相接；第五段为人民路广场。

图2.9　1963年的小白干路

1985年随着交通量的增加，小白干路的路面结构强度不足，已发生不同程度的损坏。根据青岛市市政工程总公司计划，将公路站大楼至山东路一段进行翻修加宽。该施工路段全长1 350 m，宽14 m。该工程由青岛市市政工程总公司设计室设计，市政总公司第二工程队施工，于1985年10月1日开工，11月30日竣工。1989~1990年，小白干路陆续拓宽，由14 m拓宽至27~30 m。

图2.10　小白干路改名为重庆路

1999年，适逢澳门回归、祖国50年大庆，借"重庆"这个名字寓意"双重大庆"，小白干路正式更名重庆路，因为整条路很长，分为南、中、北三段。人民路立交桥至郑州路路口为重庆南路，郑州路路口至瑞金路路口为重庆中路，瑞金路路口以北至城阳长途汽车站为重庆北路。当时，重庆北路尚未设置路标和门牌号，而重庆南路、重庆中路两段的门牌号是相延续的。2004年，重庆北路才设立了路标，并独立使用门牌号码。

图2.11　雁山立交桥

由于小白干路在很长一段时间内是进入青岛的唯一一条高等级公路，因此，在青岛市民心中小白干路的地位无可取代。虽然现在小白干路分别更名为重庆南路、重庆中路和重庆北路，但在很多青岛市民的心中，却仍然将它称之为小白干路。小白干路作为青岛地区的一种地域文化，已经深深地扎根于青岛市民的心中。

第三节　中国第一座预应力混凝土连续曲梁桥
——铁港—杭州路立交桥

铁港—杭州路立交桥是青岛市区第一座城市立交桥，中国第一座预应力混凝土连续曲梁桥。

该立交桥位于沈阳路、康宁路、温州路、内蒙古路、杭州路、杭州支路6条路7个路口交汇处，横跨胶济铁路，是青岛市的交通咽喉要道，也是青岛海陆货运主要进出口。该桥为变形苜蓿叶形立体交叉桥，总占地面积为 10.59×10^4 m²，包括铁港和杭州路2座立交桥、6座跨河桥、5条人行通道、4条引道、5座高杆照明灯及各种地上地下管线、交通设施等。该立交桥由北京市市政工程设计院设计，山东省交通工程公司、青岛市第二市政工程公司承建；1984年3月动工，1986年10月25日建成通车。

铁港立交桥东西跨越胶济铁路，通往青岛港八号码头及胶州湾高速公路入口处，由主桥和东西引道组成，全桥总长344.81 m。其中，主桥三跨全长为94.19 m，西引桥9孔全长166.5 m，东引桥三跨全长84.12 m，主桥和东引桥均为现浇混凝土预应力双箱连续曲箱梁。曲梁的圆弧半径为78 m，竖曲线半径为1 700 m，桥面直线段宽度为20.50 m，曲线段桥面宽为24.50 m。西引桥由装配式预应力混凝土工型梁组成，桥面最大超高为0.64 m，最大纵坡为4%，桥上车行道宽16 m，中间隔离带宽0.5 m，车行道两侧设防护带，防护带的外侧为人行道，人行道净宽为1.25 m，桥下通铁路立交，最大净空为6.55 m，车行道设计荷载为汽-20、拖-100，人行道荷载为每平方米350千克，按7度抗震设防。该桥结构特点为弯桥，上部采用现浇后张拉双向预应力钢筋混凝土连续曲箱梁，系国内第一座预应弯桥，技术先进，工艺复杂，桥型轻巧美观，桥下开阔简洁，具有弯、斜、坡受力特点。其桥墩为六棱体，线条舒畅，每1/2宽度的桥面只有1根六棱柱支撑，支座设在墩台顶部，直接支撑着上部结构，墩柱上不设帽梁，为桥下行车提供了良好通视条件。其下部结构为灌注桩，岩石较浅处采用扩大基础。

杭州路立交桥南北跨越温州路和海泊河，位于温州路和杭州路交会处，桥中线与温州路中心线斜交角度为 57° 23′ 24″。该桥上部结构为5孔现浇预应力混凝土连续梁，跨径为 130.86 m，全桥总长 132.32 m，桥宽 31 m，桥面最大纵坡 3.54%，曲线半径 1 500 m，桥下最大净高 4.5 m，车行道设计荷载为汽-20、拖-100，人行道荷载每平方米 350 千克，按 7 度抗震设防。该桥为柱梁系结构，以隔离带为界划分为两组梁系，每组梁系由间距 5.4 m、直径 1 m 的两根圆柱支撑。其下部结构为灌注桩。桥中间有 2.5 m 宽的隔离带，布置为透空的，改善了桥下光线条件。桥梁立面简洁舒展，桥下铺设面积 5.96×10^4 m²。在杭州路立交桥附近设 5 座高桥照明灯，各高 30 m，照明半径 60 m，平均照度大于 60 勒克斯；铁港立交桥上设路灯 64 盏，平均照度不低于 20 勒克斯；人行道照明不低于 15 勒克斯。该桥设置交通标志 46 处，雨污水、自来水、石油等大型管线总长 7.656 km，敷设电力、通信、交通信号等电缆总长 21.421 km，绿化 3×10^4 m²，拆迁面积达 3.02×10^4 m²。

图2.12 1986年万里视察杭州路立交桥

铁港—杭州路立交桥是一个跨越 6 条路、2 条河和胶济铁路的立体交叉枢纽，建成后平均每小时通车由原来 1 051 辆增加到 2 410 辆，高峰时达 7 300 辆，提高了青岛港的疏港能力，改善了城市交通。由于设计合理，功能良好，结构先进，轻巧美观，线型流畅，与周围环境协调，该桥获建设部科技进步三等奖；由于施工质量优良，该桥 1988 年获中国建筑业联合会颁发的"建筑工程鲁班奖"，1989 年获国家质量奖审定委员会颁发的银质奖章。

第四节 国内最大的公路立交桥——流亭立交桥

流亭立交桥地处青岛市城阳区流亭镇西北，位于 204 国道与 308 国道的重合线上，毗邻青岛流亭国际机场。该桥南北与烟青公路相连，东西与济青公路相通，是烟青、济青两大公路干线进出青岛的咽喉和北大门。

流亭立交桥由山东交通规划设计院设计，中铁十四局一处承建，于 1989 年 4 月 28日开工，1991 年 6 月 22 日竣工通车，总投资 8 000 万元。流亭立交桥为苜蓿叶形三层互通式立体交叉，主桥及匝道全部为空架桥梁形式，最高点距地面 13.5 m。其主桥结构为现浇连续箱梁，引桥为预制"I"简支梁和现浇板梁，引道挡墙为细方石镶面，桥面净宽 31.5 m。烟青线箱梁高度为 1.7 m，桥面净宽 20 m。其桥墩结构形式各不相同，有单桩、双柱、矩形、正方菱形、不等边形，曲直不一。全桥展开 4 300 m，占地 17.4×10^4 m²，桥面建筑面积 4.45×10^4 m²，内外护栏为 9 927 延长米。设计时速 100 km，日通车能力 3 万辆次，设计荷载为汽车-20，挂车-120。该桥顶层是烟青公路终点，宽 2 m×10 m；中层为国道济青高速公路，宽 2 m×15.75 m；底层为非机动车道和人行道。该桥桥梁结构复杂，基深 20 m 的 710 根钢筋水泥混凝土灌注桩，支撑 280 个水泥承台和近 500 个桥墩；有 12 个匝道圈，4 座高 43 m、总功率 80 千瓦的多压钠灯；各干道之间由匝道迂回相连，过往车辆可自由调转方向，主干公路的作用得以充分发挥。

2001 年，城阳区对流亭立交桥周边进行改造。2002 年，公路部门对其进行全面维修。2008 年 5 月，按照"新青岛、新奥运"的要求，市公路局首次大手笔对流亭立交桥和城阳高架桥等进行路域环境综合整治。6 月 20 日，流亭立交桥亮化工程开工，至 7 月 15 日竣工，总投入 1 000 万元。亮化项目包括流亭立交桥、双流高架桥以及机场迎宾路等所有的护栏灯、草坪灯、投光灯和泛光灯的安装更新。其中，安装护栏灯 3 000 余米，草坪灯 200 个，投光灯 80 个，泛光灯 12 个。流亭立交桥亮化工程是青岛市公路局计划实施的迎奥运项目之一。工程竣工后，大大地改善夜间行车条件。新安装的护栏灯、草坪灯、投光灯和泛光灯等点缀照亮整座大桥，立体大桥变得通体明亮，成为一座名副其实的不夜大桥，市民既可赏景又可更加快捷安全地进出青岛。

1989 年的 4 月 28 日，流亭立交桥工程开工，该工程投资 3 250 万元，1991 年 6 月 24 日建成通车。流亭立交桥位于城阳区流亭镇西北，毗邻青岛国际机场，是青岛市陆

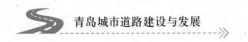

路交通咽喉和济青、烟青公路交汇点。这里的车流量每天达 2 万辆左右，其密度居全国第 7 位。它的建设，对沟通青岛—烟台、青岛—济南，连通江浙地区，加快发展青岛市的经济贸易和旅游业，具有重大的战略意义，对青岛乃至山东半岛地区的经济发展具有巨大的作用。

流亭立交桥系全苜蓿叶状，为上下 3 层，全互通式，主桥及匝道全部为架空桥梁形式；桥面最高点离地面 13.5 m，全桥展开为 4 300 多米；桥面建筑面积 44 500 m²，底层为非机动车和人行道，中层为济青线，顶层为烟青线；主干道桥面宽 26 m，各干道之间由匝道迂回相连，过往车辆可自由调转方向，主干公路的作用将得以充分发挥；该桥设计日通车能力 5 万辆以上，可以满足青岛市经济发展的需要。自通车以来，昼夜车流量 25 000 辆左右，过去的压车现象得到很大缓解。

第五节　第一座三层环式立交桥

延安路大转盘位于延安三路、延安路和台东一路交叉路口处，原来是 2 路电车的终点站，为调头转弯方便专门修成半圆形，人们习惯称之为"大转盘"。现在矗立其上的是连接岛城东西部重要的交通枢纽——海信立交桥。

图2.13　延安路大转盘原貌

20 世纪 30 年代中期，青岛的交通规划中建设通往市外的交通要道有 4 条。其中的天门路，从登州路开始修建，计划通到张村，道路规划宽 30 m，是当时青岛最宽的道路。可惜的是，当道路修建至南仲家洼时，卢沟桥事变爆发，工程被迫中断。日本占领青岛之后，将天门路改称兴亚路，中华人民共和国成立后又改名为延安路。

20 世纪 50 年代末即开辟了中山路到台东的区间车，而 1961 年 1 月通车的 2 路无轨电车是青岛最早的公交线路之一，成为连接台东及街里（中山路）两大商业区的唯一交通要线。开始时 2 路电车是从火车站到台东镇，后延伸到延安路。作为终点站调头转弯之需，延安路大转盘由此而生。

20 世纪 90 年代初，随着市政府东迁，延安路周边、包括宁夏路大桥的交通压力开始增大。1995 年，为缓解车流量，青岛市政府决定在宁夏路大桥、延安路大转盘的基础上修建立交桥。1995 年 1 月 6 日，宁夏路、延安三路立交桥工程开工。这是青岛市当时规模最大、投资最多、功能最全的一座大型三层环式立交桥。作为重要的交通枢纽，该立交桥是拟建中的火车站至福州路城市快速道路工程的重要组成部分。

图2.14　1995 年初延安路大转盘及周边开始拆除

1995 年 12 月 22 日，经市政府批准，立交桥被有偿命名为"海信立交桥"，使用期限 30 年，这也是青岛第一家以企业冠名的交通要道。12 月 30 日，海信立交桥正式建成通车，当日举行了隆重的开通仪式。时光飞逝，昔日的南仲家洼与延安路大转盘之上，早已飞架起海信立交桥，它也成为胶宁高架路中的重要交通枢纽，承担着沟通城市交通的重任。

图2.15　海信立交桥建成通车

第三章

≪≪ 近期重要道路建设工程

2011年6月，伴随着胶州湾大桥连接线、胶州湾隧道主线的贯通，青岛主城区新命名了主城区内已建成的桥隧工程，一期、二期和部分三期胶宁高架路被统称为胶宁高架路；海湾大桥青岛端接线工程命名为跨海大桥高架路。

胶宁高架路西北起莘县路立交桥，东南止宁夏路与大尧三路交会处，这一路段包括了胶宁高架路三期部分路段以及胶宁高架路一期和二期的全部路段。

新冠高架路，北起杭鞍高架路，南止莘县路立交桥，即以前所称的新疆路高架快速路。

杭鞍高架路，北起环湾路南侧，向南折东止鞍山路与南京路交会处向西200 m，即之前的"第二条胶宁高架路"——杭鞍快速路。

跨海大桥高架路，也就是人们以前所说的海湾大桥青岛端接线工程，西起青岛胶州湾大桥收费站，东止海尔路立交桥。

第一节　胶宁高架路一、二期工程

一、工程概况

东西快速路最早被称为青岛市火车站—福州路城市快速路，即为连接西部老市区与东部新区的快速干道。它的建成加强了西部老市区与东部新区的紧密联系，改善沿线和周边区域的交通状况，为扩大城市的空间容量、疏解市中心的人流提供了有利条件，2011年被新命名为胶宁高架路。

胶宁高架路路线全长约9.2 km，整个工程分三期进行。一期工程于2002年年底建成通车，西起聊城路东至徐州路；二期工程是一期工程的延续，西始徐州路，沿宁夏路往东至银川西路，往南至燕儿岛路，长度约3.0 km，于2003年10月建成通车；三期工程东起聊城路西至青岛火车站，于2011年7月份与胶州湾海底隧道接线端同步实现主线通车。

图3.1　胶宁高架路工程分期建设图

二、一期工程总体方案

（一）总体方案设计

一期工程包括：胶州路往北京路打通、胶州路按40 m拓宽、热河路立交、热河路—登州路高架桥、登州路立交、延安路高架桥、镇江路立交和山东路立交。该段工程还包括高架与地面道路排水、照明以及其他附属工程。延安路按40 m拓宽；海信立交—山东路段原则按50 m拓宽，局部为减少拆迁按38～40 m拓宽。山东路—福州路段一期只拓宽南京路交叉口、福州路交叉口，路段设人行天桥、港湾式车站等。

考虑到现状道路宽度、沿线地形、道路规划、预测交通流量、拆迁等因素，针对海信立交以西复杂路段分别设计了四个方案：高架方案、高架与地道结合方案、隧道方案、高架与地面道路结合方案。

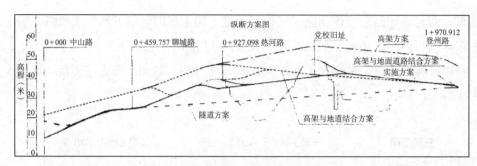

图3.2　一期工程纵断面方案图

（1）高架方案。海信立交以西全部设高架，高架桥西始莘县路，沿胶州路跨越热河路交叉口、党校旧址和登州路，接入延安路高架至海信立交桥。热河路、胶州路交叉口为三层立交，登州路交叉口为两层立交，热河路立交东西两侧、登州路东侧分别设有一对匝道。胶州路、延安路高架段地面道路按40 m拓宽，高架主线四车道对向行驶，地面单向两个机动车道、三个非机动车道混合行驶；热河路—登州路段为跨谷桥，六车道对向行驶。该方案能很好地解决胶州路的交通问题。

（2）高架与地道结合方案。热河路交叉口上跨，党校旧址、登州路分别设下穿式地道，热河路、党校旧址、登州路三点中间为高架桥，西端接入胶州路高架，东端通过登州路交叉口为两层立交，热河路立交东西两侧分别设有一对匝道。胶州路、延安路高架段地面道路按40 m拓宽，高架主线四车道对向行驶，地面单向两个机动车道、三个非机动车道混合行驶；热河路—登州路段为跨谷桥，六车道对向行驶。该方案能很好地解决胶州路的交通问题。

（3）隧道方案。热河路、党校旧址、登州路三处设短隧道，三处隧道中间采用高架桥连接，隧道西洞口在聊城路，东洞口在广饶路，两端洞口分别与高架桥相接。隧道为双洞分离式单向三车道。胶州路、延安路高架段地面道路按40 m拓宽，高架主线四车道对向行驶，地面单向两个机动车道、三个非机动车道混合行驶。

（4）高架与地面道路结合方案。胶州路按规划拓宽，打通后沿现地面行驶。热河路交叉口、党校旧址、登州路分别设下穿式地道，三个地道中间为高架桥，西端通过热河路地道接入胶州路地面道路，东端通过登州路地道，接入延安路高架至海信立交桥。热河路交叉口、登州路交叉口均为两层立交，热河路立交东侧设一对匝道。胶州路、延安路按40 m拓宽，延安路高架主线四车道对向行驶，地面单向两个机动车道、三个非机动车道混合行驶；热河路—登州路段为跨谷桥，六车道对向行驶。四个方案的山东路以东路段均采用地面道路拓宽，主要横向道路立体交叉，主线四车道对向行驶，两侧各一个机动车道和二个非机动车道混合行驶。

以上四个方案中，高架方案投资最高；隧道方案投资较高，并且营运、维修、养护管理费用高；高架与地道结合方案中的胶州路高架段影响胶州路的商业地位，并会产生次生的社会、环境问题。经过多次讨论、研究、比选和国内著名专家的评审，最后一致认为：胶州路宜采用地面道路，即采用高架与地面道路结合方案。

高架与地面道路结合方案全线共设立交8座，其中简易立交4座（热河路立交、登州路立交、镇江路立交、南京路立交），复杂立交4座（延安一路立交、海信立交、山东路立交、福州路立交），其中海信立交已于1995年年底建成交付使用。全线共设进出匝道（匝道桥和地面匝道）9对：热河路东侧、登州路东侧、延安一路、海信立交西侧、山东路立交东、西两端、南京路立交东、西两端、福州路立交。

（二）立交与匝道的设置

全线立交与匝道设置的原则如下。

（1）便于快速路集结沿线两侧区域的车辆，往市区东部疏散。

（2）便于集结西部团岛区域和火车站区域车辆，往市区东部、北部疏散，减轻前海一线的交通压力，缓和火车站南出口的交通拥挤状况。

（3）远期与规划中的莘县路高架、鞍山路—杭州路高架、福州路、山东路快速路构成市区的快速路网，集结老市区的车辆往青黄高速公路、小白干路、308国道和规划中的跨海大桥疏散，减轻老市区的交通压力。

全线立交与匝道的设置考虑道路等级、交通量、场地条件、经济、安全、环境等诸方面因素，立交形式以部分互通式立交为主，匝道结合立交设置，通过立交释放或吸收沿线的车流量。

热河路立交、登州路立交、镇江路立交、南京路立交采用菱形立交，主线下穿或上跨，保证主线车辆以较高的速度行驶并以较高的速度出入主线，这样左转弯车流运行的距离短，只需要较窄的用地。同时，在横交街道设置交通信号管制，匝道和横交道路入口加宽路面，并进行渠化处理。为了提供足够的交织长度和左转弯车辆储备长度，匝道长度均在100 m以上。

（三）横断面设计

根据预测交通流量，通过基本车道数的布置与研究，全线快速路主线需要四车道对向行驶，地面道路（或辅路）山东路以西，单向两个机动车道、三个非机动车道混合行驶；山东路以东，单向一个机动车道、两个非机动车道混合行驶。

全线道路横断面布置分四种形式：高架跨谷桥、高架桥、地道和地面道路。

图3.3　建成之初的胶宁高架路一期工程

三、二期工程总体方案

二期工程是一期工程的延续，西始徐州路，沿宁夏路往东至银川西路，往南至燕儿岛路，长度为3.0 km，于2003年10月建成通车。

（一）总体方案设计

根据沿线现状和场地条件、城市道路交通规划、交通需求及预测交通流量等，设计提供了两个总体方案，分别是高架方案和地面+立交方案。

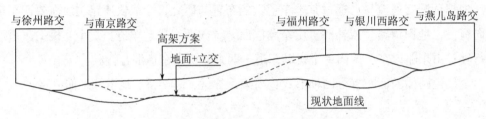

图3.4　二期工程总体方案纵断面图

（1）高架方案。徐州路至南京路段为地面快速路，南京路至福州路段为高架快速路；高架桥上为双向六车道，高架桥下为双向四车道地面辅路。南京路交叉口为二层菱形立交：高架为连续快速路，地面为平面交叉口信号灯控制。宁夏路、福州路、银川西路交叉口为部分互通+Y型三层定向式立交。

（2）地面+立交方案。徐州路至南京路段为地面快速路，快速路主线跨越南京路后落地，南京路交叉口为二层菱形立交，地面为平面交叉口信号灯控制；南京路立交至福州路立交之间为快慢分开的四块板式地面道路，长约为600 m。宁夏路、福州路、银川西路交叉口为部分互通+Y型三层定向式立交。

方案比选：① 高架方案：平纵线形较好，有利于交通的快速集疏，高架对周围环境及城市景观有一定影响，但可采取一些技术措施避免或降低这些影响；同时，通过绿化、美化和亮化形成富有现代感的城市景观带。最终，建设方案采用高架方案。② 地面+立交方案：地面道路部分长度仅为600 m，纵断面线形起伏较大，主线纵断面线形呈S形，平纵线形结合不理想，不利于横向道路的交通组织；落地段地面道路由于受横向相交道路车辆进出的影响，对主线车辆干扰较大；道路宽度超出红线宽度15 m，增加拆迁量约为7 200 m^2。

（二）立交与匝道的设置

1. 南京路菱形立交

宁夏路上跨，跨线桥采用40 m大跨径跨越南京路，在南京路东侧设一对平行匝道接地，西侧为地面式平行匝道，地面为信号灯控制平面交叉口。由于市区几乎没有非机动车辆通行，因此，桥下交叉口采用四相位轮放方式，通行能力达到6 100辆/小时。

2. 福州路立交

该区域地势北高南低，宁夏路、银川西路比较平缓，福州路往北为5%上坡，往南为3.5%下坡。福州路交叉口西北角、东北角为规划控制用地，东南角为20世纪90年代建筑，西南角为立交桥规划用地。规划控制红线宽度分别为：宁夏路40 m，银川西路60 m，福州路70 m。

根据预测交通流量，以下各方向交通量较大：宁夏路直行交通，福州路直行交通，银川西路与宁夏路西直行交通，由宁夏路以东（或以西）右转（或左转）去福州路以北方向，由福州路以北左转（或右转）去宁夏路以东（或以西）方向。

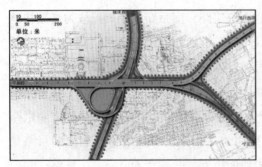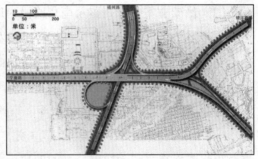

图3.5　福州路立交原设计方案与最终实施方案

（1）福州路交叉口。地面为信号灯控制平面交叉口；第二层为福州路直行跨线桥，设福州路以北左转去宁夏路以东环形匝道；第三层为宁夏路高架桥，设宁夏路以东右转去福州路以北定向匝道，福州路以北右转去宁夏路以西定向匝道，宁夏路以西左转去福州路以北定向匝道。最终实施过程中因拆迁问题，西向北匝道未实施。

（2）银川西路交叉口。地面为信号灯控制平面交叉口；第二层为宁夏路南接入宁夏路西段高架桥及右转去福州路以北定向匝道；第三层为宁夏路去银川西路高架桥，双向四车道行驶，另外两车道去宁夏路南段落地。其他方向车辆通过桥下地面辅路实现转向。

图3.6　建设过程中的胶宁高架路二期工程

图3.7　建成之初的胶宁高架路二期

第二节　胶宁高架路三期工程

一、工程概况

（一）工程建设背景

　　胶宁高架路三期工程即是青岛市城市规划的快速路网体系中最重要的一项工程节点。工程建设时一期（聊城路至徐州路段）及二期（徐州路至福州路段）工程已经通车，已建成路段对缓解周边道路的交通压力起到了重要作用，但只有将全线贯通方能充分发挥其快速路的作用。胶宁高架路三期工程建成后，将团岛地区及火车站周边地区的交通向快速路集散，减轻前海一线的交通压力，基本解决老市区西南部、火车站周边地区和前海一线的交通拥挤问题，同时也会缓解中山路以西、市场三路以南区域的道路交通拥挤状况，加强西部旧城区与东部新城区的联系，为青岛市东部新区的进一步发展和旧城区居住环境的改善创造良好的条件。

图3.8　胶宁高架路三期及隧道接线工程平面图

（二）工程沿线概况

1.沿线现状道路

工程范围内道路众多，且多以次干道、支路为主，道路路面结构均为沥青砼路面结构。沿线及相交道路状况见表3.1。

表3.1　沿线及相交道路状况一览表

编号	路名	现状道路宽度（m）	规划红线宽度（m）	道路等级
1	胶州路	5+17+5=27	40	快速路
2	莘县路	3.5+13+3.5=20	40	主干道
3	四川路	5+13+10=28	30	主干道
4	北京路	3.5+8+3.5=15	40（胶州路—河南路） 24（河南路—泰安路）	次干道
5	泰安路	3+10.5+3=16.5	24（北京路—湖北路） 22（湖北路—费县路）	次干道
6	中山路	5+10+5=20	26	次干道
7	冠县路	3.5+13+3.5=20	40	次干道
8	广州路	3.5+11+5=19.5	20	次干道
9	云南路	3+14+3=20	24	次干道
10	聊城路	4+8+4=16	24	次干道
11	市场三路	5+10+5=20	16	次干道

（续表）

编号	路名	现状道路宽度（m）	规划红线宽度（m）	道路等级
12	小港一路	3.5+7+3.5＝14	20	次干道
13	河北路	3+8+3=14	18	支路
14	山西路	3+8+3=14	14	支路
15	天津路	3+8+3=14	14	支路
16	临清路	3+7.5+3=13.5	12	支路
17	阳谷路	车行道5 m，北侧人行道4 m	16	支路
18	沧口路	2.5+6+2.5＝11	16	支路
19	李村路	3+8+3=14	16	支路
20	济南路	2.5+7+2.5=12	12	支路
21	济宁路	4+8+4=16	16	支路
22	芝罘路	3+6+3=12	14	支路
23	易州路	3+6+3=12	12	支路
24	博山路	3+6+3=12	16	支路
25	潍县路	3+6+3=12	12	支路

注：本节中莘县路即为现已实施的新冠高架路的地面路。

该工程沿线及周边道路交通存在的主要问题如下。

（1）沿线现状道路车行道宽度为6～17 m，红线宽度为12～40 m，道路等级普遍偏低。

（2）路口间距过小（大部分在100 m左右），导致道路的通行能力低，交通阻塞严重。

（3）交通管理设施科技化水平低，导致道路交通控制与管理的效能低下。

（4）青岛火车站和胶济铁路阻断了小港区域东西方向的多数交通线路，形成该断面位置东西、西北方向的交通"瓶颈"。

（5）胶宁高架路一、二期工程的建成通车，使胶州路、中山路及其周边路网交通压力骤然增大，同时也加大了前海一线的交通压力，急需采取措施缓解这一交通压力；另外，也使已建成的胶宁高架路一、二期工程效用得到最有效的发挥。

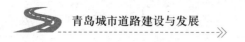

2. 工程沿线建筑

工程沿线除鲁能领寓、青岛市韩国城、青岛邮区中心局等高层建筑外，其余多为20世纪三四十年代低层建筑，由于年久失修，现已破烂不堪。

工程范围内的历史保护区有：北京路—河北路路口的谦祥益，中山路—济南路路口的胶澳商埠电气事务所旧址（哈佛酒楼）及馆陶路历史文化风貌保护区等。

3. 沿线用地分类

沧口路、市场三路两侧，多为教育可研用地（C6），有少量二类居住用地（R2）。胶州路两侧，由聊城路向西到中山路段，多为商业用地（C21），有少量交通设施用地（U2）和二类居住用地（R2）。莘县路东侧多为二类居住用地（R2），有少量铁路用地（T1），西侧为商业金融业用地（C2）、三类居住用地（R3）。冠县路东侧为二类居住用地（R2），西侧为商业金融业用地（C2）。北京路两侧有商业金融业用地（C2）、二类居住用地（R2）、文化娱乐用地（C3），其中二类居住用地居多。泰安路东侧为二类居住用地（R2），西侧为铁路用地（T1）。

4. 沿线铁路

胶济铁路平行济南路和莘县路，自北向南进入青岛火车站。该工程范围内的铁路两侧区域只能通过山西路、河北路和市场三路三处铁路涵洞相连。

目前胶济铁路电气化改造已经完成，青岛火车站在本工程设计时正进行整体改造，预计于2008年6月完工。该工程范围内的跨山西路铁路桥为净跨 4 m+8 m+4 m 的三跨结构，轨顶标高约 6.7 m，桥下限高 2.5 m；跨河北路铁路桥为净跨 16 m+12 m+16 m 的三跨结构，轨顶标高约 7.8 m，桥下限高 2.9 m；跨市场三路铁路桥为单孔净跨均为 14 m 的三跨结构，轨顶标高 10 m 左右，桥下限高 3.4 m。

5. 沿线地形

东西快速路沿线地形自东向西倾斜，东高西低，东侧临清路处地面高程 25.4 m，西侧市场三路路口处地面高程 4.5 m。莘县路沿线南北方向呈波状起伏，表现为一个凹陷的负地形及一个凸起的正地形，莘县路凹陷的负地形高程为 3.1 m，凸起的正地形高程为 10.1～11.1 m。

（三）交通预测分析

1. 现状交通量

为准确了解工程范围内主要道路的交通状况，规划设计单位对以下 7 个主交通路口的交通量进行了实地观测，观测结果如图 3.9 及表 3.2 和 3.3 所示。

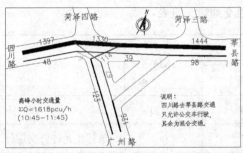

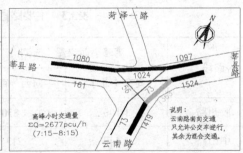

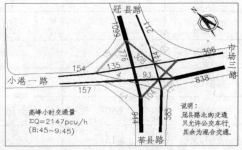

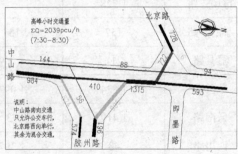

图3.9 现状交叉口流量调查图

表3.2 现状交叉口现状交通量一览表

交叉口编号	交叉口名称	高峰小时流量（pcu/h）
1	广州路、四川路、莘县路	1 618
2	莘县路、云南路	2 677
3	莘县路、冠县路、市场三路、小港一路	2 147
4	中山路、堂邑路、济南路、市场三路	2 919
5	胶州路、中山路、北京路	2 039
6	中山路、天津路、海泊路	1 895

表3.3 主要路段交通量一览表

路段	高峰小时流量（pcu/h）		小计	备注
	向东（北）	向西（南）		
胶州路	1 100	1 830	2 930	
中山路	1 448	213	1 661	单行线允许公交逆行
北京路		728	728	单行线
聊城路		710	710	单行线
天津路	807		807	单行线
海泊路	276		276	单行线
堂邑路	650	56	706	单行线允许公交逆行
济南路	813		813	单行线
市场三路	1 728		1 728	单行线
小港一路	157	154	311	
冠县路	211	1 099	1 310	
莘县路	1 524	1 097	2 621	单行线允许公交逆行
云南路	1 419	73	1 492	单行线允许公交逆行
四川路	48	1 397	1 445	单行线允许公交逆行
广州路	126	123	249	

2. 交通量预测结果

交通量预测结果如表3.4及图3.10所示。

表3.4 交通量预测一览表（pcu/h）

年度/路段	2008	2013	2018	2023	2028
东西快速路高架	2 378	3 463	4 552	5 437	6 642
莘县路高架	3 606	5 326	7 039	8 455	10 340
东西快速路地面道路	1 130	1 697	2 309	2 640	3 368
莘县路地面道路	1 480	2 318	3 219	3 692	4 766

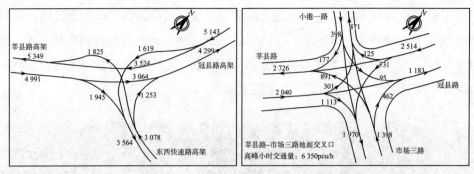

图3.10　莘县路立交及地面交叉口2028年交通量预测示意图

二、总体方案设计

（一）设计原则

东西快速路、莘县路均为城市快速路，二者在莘县路形成T型交叉，相交处道路既要有较大的通行能力，又要有较高的行车速度。为此立交总体方案设计按如下原则考虑。

（1）在城市总体规划思想指导下，进行工程的设计研究。

（2）近、远期结合，尽可能采用加快施工进度的设计，合理组织施工及进行施工期间的交通组织。

（3）道路与桥梁结构的布局，考虑城市景观的需要，采用轻盈挺拔、外形和谐的结构线条，以达到改善城市环境、美化城市的目的。

（4）便于海底隧道车辆往东西快速路、杭州支路—鞍山路快速路和环胶州湾高速公路疏散；便于集结老市区的车辆往环胶州湾高速公路、重庆路、308国道和海底隧道疏散，减轻老市区的交通压力。

（5）东西快速路主线，是以客运为主，兼顾少量轻型货运的快速过境交通道路；东西快速路地面道路是以客运为主，兼有少量轻型货运的地区交通及快速路集散交通的二级主干路。

（6）莘县路高架是连接海底隧道与北部出境道路的以客运为主过境交通道路；莘县路地面道路是解决地区交通与快速路集散交通的客、货运交通二级主干路。

（二）路线走向及构造物布置

工程东端自胶州路—长清路路口，沿现状沧口路、市场三路之间狭长带高架；莘县路高架南起山西路，北至宝山路。两条高架桥在莘县路—市场三路交叉口上方通过右进右出全定向立交相连。

莘县路立交具体布置如下：地面道路为第一层，莘县路高架桥为第二层，东西快速路左转莘县路南匝道（B匝道）为第三层，冠县路左转东西快速路匝道（A匝道）位于最上层。东西快速路右转冠县路匝道（C匝道）及莘县路南右转东西快速路匝道（D匝道）位于第二、三层及第二、四层之间。

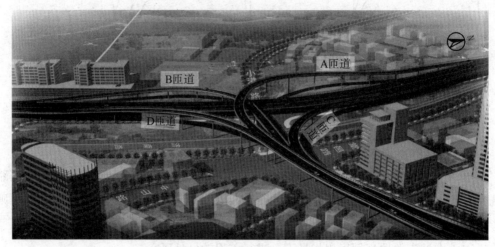

图3.11　莘县路立交效果图

（三）重要节点方案设计

1. 莘县路（新冠高架路）立交节点

由于胶州路和莘县路高架走向大致相同，因此胶宁高架路三期的设计方案主要是莘县路立交方案的综合比较。

（1）方案一：四层全定向立交（左进左出）。莘县路为上、下行分离的高架桥，分离式高架桥为单向四车道，冠县路去四川路方向的车行道高于四川路去冠县路方向的车行道。高架桥下为地面道路，六车道双向行驶，莘县路、河北路交叉口地面现为信号灯控制交叉口。冠县路去胶州路左转匝道与四川路去胶州路右转匝道合流后跨越中山路，在胶州路与聊城路交叉口落地；胶州路自东向西方向车行道跨越中山路后分流为：右转去冠县路匝道和左转去四川路匝道。在莘县路与云南路交叉口附近分别布置云南路和四川路接地匝道。

（2）方案二：四层全定向立交（推荐方案）。该方案与方案一的区别在于将方案一两个左出左进的定向匝道改为右出右进，即冠县路左转去胶州路和胶州路左转去四川路两个方向的定向匝道在主线行车方向右侧驶出和驶入。四川路、莘县路和冠县路为整体式双向六车道高架桥，高架桥下为地面道路六车道双向行驶。

（3）方案三：迂回定向型立交方案。胶州路高架桥自聊城路附近开始沿胶州路高架，高架桥上为双向四车道，高架桥下地面道路为双向四车道。莘县路高架路设置在第2层，为双向六车道高架桥，高架桥下为地面道路，六车道双向行驶。2条左转匝道翻越莘县路高架路，处于第3层位置。东向南左转匝道最小半径为75 m，北向东匝道最小半径为65 m，两条右转匝道最小半径分别为118 m和390 m。在四川路、广州路交叉口附近设四川路平行式落地匝道。

经比较，方案二匝道采用右进右出与主线相接，行车舒适、快捷、安全，交通组织好，线型较好，占地面积少，拆迁少，工程投资少。

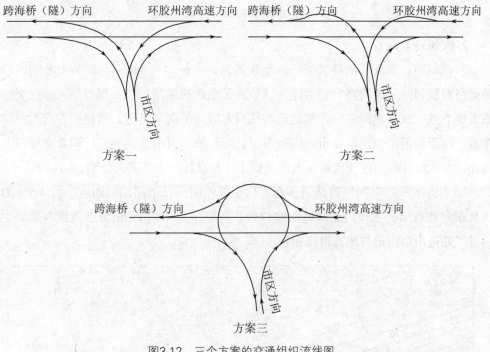

图3.12　三个方案的交通组织流线图

图3.13　立交最终实施方案及现状图

2.胶州路节点

节点范围：东起热河路立交，西至聊城路，全长约为440 m。该节点范围内的主要道路有胶州路、长清路、临清路。该节点是东西快速路三期工程与热河路立交连接的重要节点，现在热河立交西侧地道东往西方向为单向三车道，西往东方向为单向两车道。由于地道两侧建筑（市立医院等）已经形成，对地道纵坡进行调整难度较大，因此，本次设计在不改变地道纵坡的前提下，共设计三个方案，分别介绍如下。

（1）方案一：东西快速路引桥起点位于胶州路—长清路路口附近，以4.5%的纵坡自东向西高架，主线跨越聊城路路口处，桥下净高4.5 m。该节点范围内高架主线通过三处进出口匝道与地面道路相连。

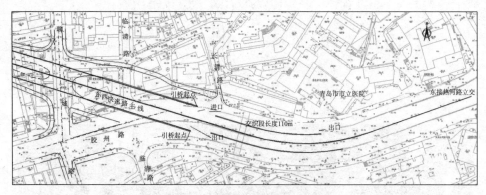

图3.14　胶州路节点方案一平面图

该方案交通组织：东西快速路主线西往东方向车辆可通过南侧出口匝道进入胶州路地面道路；东往西方向车辆可通过道路北侧的一对进出口匝道进出快速路主线，两匝道之间的交织段长度约为110 m。

该方案优点：快速路主线与地面道路的联系较顺畅，交通功能较完善；缺点：北侧进出匝道口之间的交织段长度较短。

（2）方案二：东西快速路引桥起点位于胶州路—长清路路口东侧100 m处，以5%的纵坡自东向西高架，高架桥先后跨越胶州路及聊城路，胶州路路口处桥下净高3.5 m，聊城路路口处桥下净高5 m。该节点范围内高架主线通过两处出口匝道与地面道路相连。

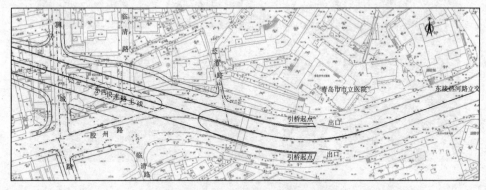

图3.15　胶州路节点方案二平面图

该方案交通组织：东西快速路主线西往东方向车辆的交通组织与方案一基本相同；东往西方向地面车辆无法通过该节点进入东西快速路主线。

该方案优点：保证了桥下胶州路的通车功能；缺点：快速路主线与地面道路联系不畅。

（3）方案三：方案三在方案一的基础上，将热河路立交地道西往东方向车行道往南拓宽一个车道作为地面道路进入快速路主线的进口匝道。东西方向车辆可通过设置的四处匝道进出快速路主线。

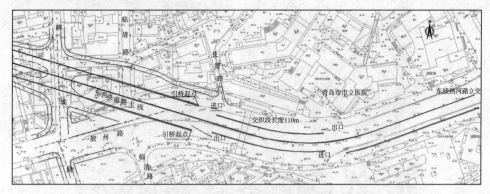

图3.16　胶州路节点方案三平面图

该方案优点：交通功能完善；缺点：如果要拓宽地道，则需对热河路立交进行整体改造，实施难度大。

通过以上比较，推荐方案一作为该节点实施方案。

图3.17　建成之后的莘县路立交

图3.18　建成之后的胶宁高架路三期工程及隧道接线工程

第三节　杭鞍高架路一期工程

一、工程概况

杭鞍高架路，原用名杭州支路—鞍山路快速路，为贯穿老市区中部的东西向快速交通干道，推动城市快速路建设，该工程的一期工程西起原环胶州湾高速海泊河出口，向东沿海泊河跨过杭州路立交桥和海泊河公园，沿现状鞍山路、辽阳西路至福辽立交桥，全长约为 6.2 km，沿线与杭州路、人民路、鞍山二路、山东路、哈尔滨路、抚顺路、南京路、绍兴路等快速路及主次干道相交。一期工程于 2007 年实现主线通车。该工程的建设将有利于由环胶州湾高速来的车辆快速向市区东部疏解，同时与规划海湾隧道青岛岸接线、山东路组成有机的整体，形成较为完善的城市快速路路网，为青岛的高速发展提供强有力的保证。

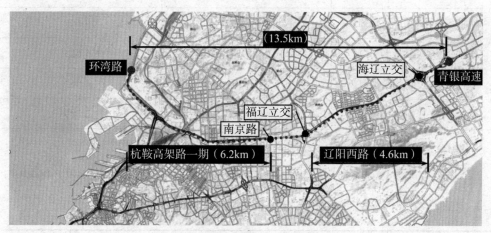

图3.19　杭鞍高架路一期工程图

二、交通分析与预测

（一）规划设计当年交通量

2005 年 3 月 10 日 6：45～11：45，规划设计单位对鞍山路沿线人民路、鞍山二路、山东路等七处交叉口进行了交通量实测。通过资料整理，结果如下。

1. 现状路段交通量示意图

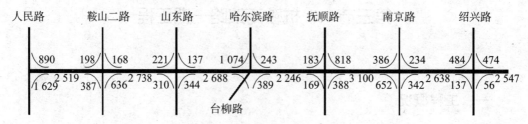

图3.20　现状路段交通量示意图

2. 当时交叉口高峰小时交通流量统计表

表3.5　现状交叉口高峰小时交通流量统计表

交叉口	高峰小时	高峰小时流量（pcu/h）
人民路—鞍山路交叉口	7：15～8：15	4 045
鞍山二路—鞍山路交叉口	10：00～11：00	4 457
山东路—鞍山路交叉口	9：30～10：30	5 487
哈尔滨路—鞍山路交叉口	9：15～10：15	4 400
抚顺路—辽阳路交叉口	10：00～11：00	3 685
南京路—辽阳路交叉口	9：00～10：00	4 959
绍兴路—辽阳路交叉口	7：45～8：45	3 589

（二）交通量预测结果

根据以上的分析，鞍山路全线的高峰小时交通量预测结果如下（单位：pcu/h）。

表3.6　交通量预测综合取值

年份	2008	2013	2018	2023	2028
预测交通量（主线）	3 209	4 237	5 315	6 664	8 421
预测交通量（辅路）	1 973	2 658	3 576	4 276	5 214
预测交通量（总计）	5 182	6 894	8 692	10 940	13 635

1. 鞍山路主线交通量预测示意图

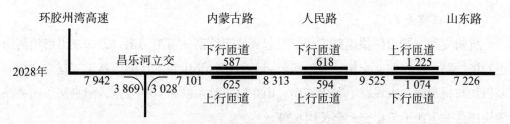

图3.21　鞍山路主线交通量预测示意图

2. 鞍山路辅路交通量预测示意图

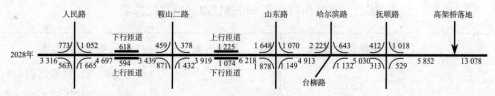

图3.22　鞍山路辅路交通量预测示意图

3. 昌乐河节点、山东路节点交通量预测示意图

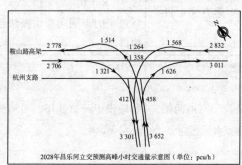
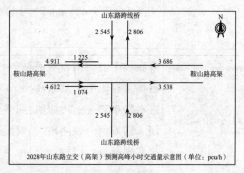

图3.23　昌乐河节点、山东路节点交通量预测示意图

4. 山东路立交节点地面辅路交通量预测示意图

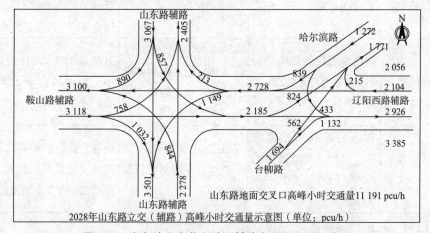

图3.24　山东路立交节点地面辅路交通量预测示意图

三、总体方案设计

（一）线路走向

杭州支路—鞍山路快速路工程，西起环胶州湾高速海泊河出口，向东沿海泊河跨过胶济铁路、杭州路立交桥、海泊河公园，沿现状鞍山路、辽阳西路至福辽立交桥。其沿线与杭州路、人民路、鞍山二路、山东路、哈尔滨路、抚顺路、南京路、绍兴路等快速路、主次干道相交，全长约6.2 km。

环胶州湾高速—胶济铁路段路线比选设计了三个方案，各方案情况如表3.7所示。

表3.7　环胶州湾高速至胶济铁路段路线比选表

	单线河中方案	双线方案	单线北岸方案
路线线形	平纵横线形较好，车辆可以较快捷地进出立交（设计时速为60 km/h）	平纵横线形较好，车辆可以较快捷地进出立交（设计时速为60 km/h）	线形受限制，昌乐河高架右转鞍山路东的匝道为反向曲线相接，车速较低（设计时速40 km/h），不利于海湾隧道来的车辆向鞍山路快速疏散
对河道的影响	桥墩设于河道内，对河道流水有影响。其最高雍水高0.57 m，因海泊河（四方河—铁路段）未实现规划，需加高至规划高度	路线分设于河道两侧，对河道流水无影响	桥墩设于河道北岸，对河道流水无影响
对管线的影响	桥墩设于河道内，避开了管线走廊，有利于管线的布置	影响较小	对河北岸进出发电厂的热力管、油管影响较大，占用管线走廊，管线布置困难
对高压线的影响	对两岸高压线影响都较小，桥边距离北岸220 kV高压线约25 m	海泊河南岸35 kV高压线需入地，桥边距离北岸220 kV高压线较远（约30 m），影响较小	对南岸35 kV高压线影响较小，但占用北岸220 kV走廊，需多拆除5个高压铁塔
对重要建筑物的影响	高速公路收费站需北移。对河北岸建筑影响较大，但避开了220 kV变电站及高压走廊	高速公路收费站需北移。对河岸两侧建筑影响较小	高速公路收费站需北移。对河北岸建筑影响较大，同时距离220 kV变电站太近

根据以上分析，推荐单线河中方案。

因高架桥位于海泊河河道内，桥墩较多，将产生壅水，对河道行洪会有一定影响。因此，需进行水力模型试验，确定壅水高度，完善河道护岸，确保工程建成后，满足河道行洪及两岸区域排水要求。

（二）主要节点方案布置

1.昌乐河口节点

该方案对应单线河中方案。杭州支路—鞍山路快速路采用双向六车道，整体式沿海泊河河中高架；海底隧道接线南北向上、下行桥分离沿昌乐河两岸高架，采用双向六车道，两条快速路形成"丁"字交叉。考虑海湾隧道接线向鞍山路快速路东西向的转向交通均等，通过四条定向匝道解决快速路主线的左右转交通，形成三层全定向立交，进出匝道为右进右出。匝道最小半径为150 m，设计车速50 km/h。在昌乐河两岸设一对接地匝道，集结杭州路立交桥的车辆向昌乐河高架疏散，同时便于海湾隧道接线来的车辆向杭州路立交桥疏散。

2.杭州路立交节点

杭州支路—鞍山路快速路主线东西向跨过胶济铁路、杭州路立交桥、海泊河公园，设置内蒙古路出主线匝道、沈阳路进主线匝道，主线交通通过两条匝道与区域地面道路相连，既充分利用了现状杭州路立交桥的交通功能，又将快速路主线与地面道路联系为一体。

该节点的改善，将便于集散辽宁路区域的交通进出快速路主线：青岛港东侧区域的车辆可以顺畅地通过辽宁路、曹县路、沈阳路进入快速路主线，向东快速疏散；由市区东部来的车辆可以十分便捷地通过内蒙古路、华阳路进入青岛港东侧区域。同时，还能有效减轻威海路的交通压力。

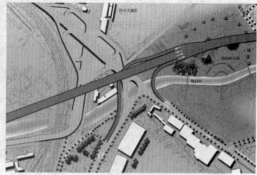

图3.25 昌乐河立交节点及杭州路立交节点推荐方案

3. 人民路节点

该方案设计为二层分离式立交（东侧设匝道）。现地面为信号灯控制交叉口，东西高架跨越人民路，在人民路东侧设置一对平行式匝道，连接高架与地面交通，吸引地面来的车辆由东向西进入快速路主线，由西向东疏解快速路主线车辆到地面道路。

4. 山东路节点

该方案设计为双跨线平行匝道立交。立交第一层为信号灯控制的地面辅路，第二层为山东路跨线桥，第三层为鞍山路主线。两个跨线桥分别解决了山东路和鞍山路直行交通，其他方向交通通过地面辅路解决；山东路西侧设一对上下桥匝道，以解决鞍山路高架和地面各方向的交通。

图3.26　人民路节点及山东路节点推荐方案

图3.27　杭鞍高架路建成之初现场图

第四节　胶州湾湾口海底隧道接线工程

一、工程概况

（一）工程建设背景

胶州湾湾口海底隧道青岛端接线工程（以下简称"接线工程"）南起胶州湾湾口海底隧道青岛端终点（瞿塘峡路—团岛一路路口南50 m），北至东西快速路三期工程（以下简称三期工程），全长2.37 km。三期工程向北通过规划新疆路快速路、昌乐河立交接入杭州支路—鞍山路快速路。该工程是青岛市"三纵四横"城市快速路网中的重要组成部分。

规划设计时东西快速路一、二期工程以及杭州支路～鞍山路快速路工程主线已建成通车，海底隧道已开工建设，三期工程正进行初步设计。因此，该接线工程的建设迫在眉睫。

接线工程的建设将有利于海底隧道交通的快速疏解，保证海底隧道安全有效地运行，将海底隧道交通与市区快速路组成有机的整体，形成较为完善的城市快速路网，为青岛市国民经济持续健康发展提供有力保证。

（二）工程沿线概况

1. 沿线现状道路

工程沿线分别与瞿塘峡路、台西三路、贵州路、西藏路、东平路、广州路、云南路等主、次干道相交。

沿线现状道路均为机动车、非机动车混行的单幅式道路，接线工程起始段的团岛一路车行道宽度为 10 m，四川路车行道宽度为 12 m，云南路车行道宽度为 14 ~ 15.5 m。

2. 沿线建筑

工程研究范围内新旧建筑并存，以 7 层以下建筑为主，局部有高层建筑，多数建筑建于 20 世纪五六十年代甚至中华人民共和国成立前，亟待改造。云南路沿线还存在一定数量的德占时期修建的风貌保护建筑和风貌保留建筑，这些建筑的艺术价值较高，外观保存比较完整，与老城区独特的街道景观成为青岛市城市传统特色的代表。

3. 沿线用地分类

团岛路、四川路沿线：瞿塘峡路—西藏路段，道路两侧多为二类居住用地（R2）及三类居住用地（R3），有少量的商业金融用地（C2）、二类工业用地（M2）。

西藏路—东平路段，道路西侧为供应设施用地（U1）、交通设施用地（U2）、一类工业用地（M1）、二类工业用地（M2）、三类工业用地（M3），道路东侧为商住用地（R2C2）、医疗卫生用地（C5）。

东平路—山西路段，道路两侧均为二类居住用地（R2）及三类居住用地（R3）。

台西三路、云南路沿线：贵州路—汶上路段，道路两侧多为二类居住用地（R2）。

汶上路—广州路段，道路两侧多为二类居住用地（R2），少量商业金融用地（C2）、文化娱乐用地（C3）。

广州路—山西路段，道路两侧多为二类居住用地（R2）、商住用地（R2C2），有零星的公共绿化用地（G1）。

4. 沿线港口

青岛港地处山东半岛胶州湾畔，面临黄海，水深港阔，终年不淤不冻，是我国北方优良的深水港，目前全湾港口分布有青岛港（大港区、中港区、小港区、油港区和前湾港区）、古镇口和海西湾修造船基地、黄岛电厂、青岛—黄岛轮渡、团岛湾海监码头、胶州湾北部的工业专用码头等。

（三）交通量预测及建设规模

1. 交通量预测结果

表3.8　交通量预测一览表（pcu/h）

	2009年	2014年	2019年	2024年	2029年
四川路主线	2 627	3 439	4 192	4 912	5 816
四川路地面道路	1 643	2 151	2 622	3 072	3 575
小计	4 270	5 590	6 814	7 984	9 391
云南路主线	2 404	3 147	3 836	4 495	5 231
云南路地面道路	1 711	2 240	2 730	3 199	3 723
小计	4 114	5 387	6 567	7 694	8 954

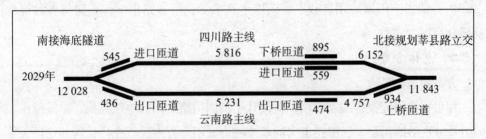

图3.28　双线隧道方案2029年主线交通量预测示意图

2. 工程建设规模

接线工程南起胶州湾湾口海底隧道青岛端终点，往北延续隧道形式分别沿现状团岛一路→四川路（下文称四川路主线）、台西三路→云南路（下文称云南路主线）下穿，在东平路路口北侧爬升地面后开始高架，于山西路路口上方合流后接入规划三期工程，全线设匝道三对。

四川路主线全长约2 344 m，其中隧道长约1 597 m，开口地道长约261 m，高架桥长约486 m。云南路主线全长约2 368 m，其中隧道长约1 659 m，开口地道长约90 m，高架桥长约619 m。

四川路、云南路主线均为单线三车道，其中四川路主线净宽12.5 m；云南路主线隧道段净宽12.5 m，高架桥段净宽加宽至13 m；地面道路标准段为双向四车道；匝道为单车道，净宽7 m。

二、总体方案设计

（一）路线走向

接线工程南接海底隧道，北接三期工程。根据海底隧道青岛端终点及三期工程的位置确定接线工程路线范围：南自团岛路—瞿塘峡路交叉口以南 50 m，北至莘县路—山西路交叉口。

控制路线走向的主要因素如下。

（1）城市交通规划。原《青岛市城市综合交通规划》：接线工程全线采用高架形式，沿现状团岛路、四川路往北接入三期工程。新一轮《青岛市胶州湾口部地区交通组织规划》：接线工程采用隧道形式，自瞿塘峡路路口分为两线，分别沿四川路、云南路往北，过东平路后爬升至地面后开始高架，在莘县路—山西路交叉口上方合流后接入三期工程。

（2）现状道路路网条件。根据团岛区域的现状路网条件，具备接线工程路线走向条件的南北向道路仅有两条：四川路及云南路。

（3）其他影响因素。团岛驻军、第四十八中学、莘县路小学、铁路机务段等单位以及部分高层建筑群。

（二）总体方案

1. 方案研究过程

工程可行性研究报告编制阶段，共设计了沿四川路走向的单线高架、单线隧道、单线地道及分别沿四川路、云南路走向的双线隧道等四个方案进行充分比选和论证；重点对单线高架方案和双线隧道方案进行了同深度的比较。两个方案比较如表3.9所示。

表3.9　单线高架及双线隧道两方案比较一览表

	单线高架方案	双线隧道方案
养护或运营费用（万元/年）	145	2 028
景观影响	稍大	小
施工难度	施工技术成熟，工期短	施工难度大，工期长
施工期间对周边建筑及居民的影响	噪音影响	隧道施工爆破振动对地面建筑物影响显著，穿越的砖房可能会产生严重破损。工程爆破还易使周边居民产生恐惧心理，会给社会带来一定的负面影响，工程实施难度可能很大

（续表）

	单线高架方案	双线隧道方案
地面交通组织	四川路地面道路为双行道路，周边车辆的环形交通易于组织	四川路、云南路均为单行道路，不利于周边车辆的环形交通
规划地铁一号线	无影响	规划地铁一号线与云南路主线在云南路—郓城北路南侧约150 m处相交，相交处地铁底板标高约为-4 m，地面标高约为17.7 m
对团岛驻军的影响	拆迁团岛驻军建筑面积约7 000 m^2	台西三路进口匝道下穿驻军地界内4层、6层住宅建筑各一幢
对铁路机务段的影响	需拆迁铁路机务段约140 m^{2}的小平房	需拆迁铁路机务段约21 400 m^2，拆迁难度很大
平纵技术标准	较好	云南路主线高架段为规范要求60 km/h设计时速的最低极限，技术标准较差
对三期工程的影响	莘县路主线平行现状莘县路及胶济铁路布置，不占用规划小港用地	为使云南路上桥匝道平面位置能够避开铁路锅炉房，莘县路主线（山西路—市场三路段）需沿现状莘县路向西偏转约10°，占用规划小港用地约4 000 m^2

注：根据工程可研阶段投资估算，与单线高架方案相比，双线隧道方案总投资高出约2亿元（其中不包括隧道施工期间由于爆破施工而可能产生的经济赔偿）

根据以上比较，可行性研究报告中推荐单线高架方案作为实施方案。

2006年9月25～27日，青岛市发展和改革委员会邀请国内知名专家对工程可行性研究报告进行了评估，专家组评估意见如下。

1）单线高架方案系较成熟的方案，工程风险小，投资及运营费亦较双线隧道少，其主要的不足系高架位于团岛后海一带，在城市改造后对环境景观和城区发展有一定的影响，如果这种影响尚可接受的话，单线高架应是可取的方案。

2）双线隧道方案在技术上是可行的，但需考虑以下问题。

（1）根据我国工程技术的水平，防止爆破振动对地表建筑物的危害是比较有把握的；但仍需结合青岛地区的实际情况，研究爆破振动效应，尽量降低居民的爆破振动感，确保安全，避免扰民。

（2）充分收集及采纳先进微振动控制爆破技术。爆破振动效应计算应考虑青岛地

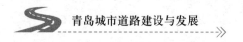

区相似工程的经验参数，使计算值更接近实际。

（3）在施工中应以爆破振动监测作为控制爆破振动效应的重要手段，以不断调整和优化钻爆参数。

（4）对隧道围岩稳定性，可行性研究报告虽然进行了围岩应力重分布的计算，显示了隧道顶部的拉力区，但应进一步对围岩稳定性的影响以及相应技术措施进行分析。

（5）隧道方案必须结合湾口海底隧道对运营通风、防灾和事故救援等提出可行方案。

从总体上看，隧道方案存在的问题是可以解决的。

3）两个方案均符合青岛市的交通规划，能满足疏解湾口海底隧道及连接青岛快速路网的功能，从城市改造的大局考虑，单线高架方案对环境景观和城区发展上有一定的影响；而双线隧道方案存在的技术问题是可以解决的，多数专家倾向于双线隧道方案。

2006年12月12日，市长办公会在听取了规划部门的专题汇报后，最终确定接线工程采用双线隧道方案。

关于云南路主线高架桥，在可行性研究报告中共设计了四个方案，并重点对高标准高架方案（方案一）、低标准高架方案（方案二）进行了比较。"方案一和方案二各有利弊，较难取舍。方案一虽然拆迁面积较大，但线形顺畅，技术标准高，与隧道和接线的特大型工程相匹配，可满足远期发展的要求；方案二技术标准过低，已达到规范最低限，对未来交通发展潜在不利影响，但工程拆迁量相对较小。根据规划部门意见并结合《青岛市胶州湾口部地区交通组织规划》，推荐方案二——低标准高架方案作为该节点实施方案。"

2. 方案介绍

接线工程南起胶州湾湾口海底隧道青岛端终点（四川路主线K-2-732.49、云南路主线K-2-754.28），往北主线分别命名为四川路主线及云南路主线。

图3.29　隧道接线总平图

四川路主线延续隧道形式，沿现状团岛一路、四川路往北，先后穿越台西三路、贵州路、台西一路、磁山路、西藏路、滋阳路、东平路后，在东平路北侧约80 m处出洞以开口地道形式爬升至地面后开始高架，分别跨过广州路、菏泽四路、菏泽三路、菏泽二路、菏泽一路后接入三期工程。四川路主线全长约2 344 m，其中隧道长约1 597 m，开口地道长约261 m，高架桥长约486 m。

云南路主线同样延续隧道形式，从团岛消防站及部分7层建筑下方穿越后沿现状台西三路、云南路往北，先后穿越贵州路、磁山路、西藏路、滋阳路、东平路后，在东平路北侧约82 m处出洞以开口地道形式爬升至地面开始高架，跨过广州路、南村路后与四川路主线合流后，在莘县路—山西路路口上方接入三期工程。云南路主线全长约2 368 m，其中隧道长约1 659 m，开口地道长约90 m，高架桥长约619 m。

全线共设置匝道三对，分别为台西三路及团岛二路进出口匝道、广州路下桥匝道及云南路上桥匝道、广州路进口匝道及云南路出口匝道。

台西三路总长约466 m，其中隧道长度约337 m，开口地道长129 m；团岛二路总长约454 m，其中隧道长度约259 m，开口地道长195 m；广州路下桥匝道总长约285 m，云南路上桥匝道总长约322 m，两匝道均为高架桥；广州路进口匝道总长约77 m，云南路出口匝道总长约79 m，两匝道均为开口地道。

台西三路及团岛二路进出口匝道主要功能是联系黄岛方向与市区前海一线的交通；广州路下桥匝道及云南路上桥匝道主要功能是联系团岛区域与市区东北部的交通；广州路进口匝道及云南路出口匝道主要功能是联系海底隧道与团岛及青岛火车站的交通。

图3.30　建成之后的胶州湾隧道及其接线工程

第五节　青岛海湾大桥青岛端接线工程

一、工程概况

（一）工程建设背景

青岛市海湾大桥（北桥位）是青岛至红其拉甫高速公路（即济青南线）的重要组成部分，是连接青岛、黄岛、红岛三大城市区域的主要交通通道，是青黄之间"一桥、一隧"中的"一桥"。

海湾大桥（北桥位）青岛端接线工程（现跨海大桥高架路）是海湾大桥的延续，是贯穿青岛市主城区中北部一条重要的东西向快速交通干道（"三纵四横"快速路网中的重要"一横"）。它的建设将为"环湾保护、拥湾发展"战略的实施提供通道。该工程西始海湾大桥环胶州湾高速公路立交城建界（距环胶州湾高速公路约1.1 km），东至海尔路立交，全长7.2 km。工程设计时海湾大桥正在建设中，计划2010年年底建成通车。为保证大桥交通安全有效地运行，完善城市快速路网迫在眉睫。

青岛海湾大桥青岛端接线工程是青岛海湾大桥的延续，是贯穿青岛市主城区中北部一条重要的东西向快速交通干道。工程西起海湾大桥—环湾大道立交城建界，向东沿李村河、张村河河道，在海尔路东侧接入规划长沙路至滨海大道，全长约12.7 km。根据规划，青银高速公路以西段为城市快速路，长约9.1 km；以东段为城市主干路，长约3.6 km。该工程近远期结合，分期实施，一期工程自海湾大桥—胶州湾高速公路立交城建界至海尔路，全长约7.2 km；二期工程自海尔路至滨海大道，全长约5.5 km。

图3.31　海湾大桥青岛端接线一期工程总体平面布置图

（二）建设时工程沿线概况

随着青岛的交通事业获得突飞猛进的发展，如香港路、308国道拓宽改建以及青银高速公路、东西快速路一、二期、杭州支路—鞍山路快速路建成，道路系统逐步得到完善，道路连通性增强，青岛岸基本形成了扇形+放射状的路网格局。

中华人民共和国成立初期，青岛市的市区道路极其落后，市区道路只有243 m，道路面积200×10^4 m^2，道路标准低，路面坑坑洼洼。1978年，城市道路发展仅有304 m，面积362×10^4 m^2。党的十一届三中全会后，青岛市的城市道路建设才开始进入一个新的发展时期，先后拓宽了威海路、宁夏路、重庆南路、香港中路等，新建了山东路、南京路、延吉路等，建成了杭州路立交桥、人民路立交桥、重庆路立交桥等城市交通枢纽工程。20世纪90年代先后建成一批对城市发展有深远影响的道路工程，其中有鞍山路和福州北路打通工程、海信立交桥工程、东海路建设工程等。2004年末，青岛市道路总长度1 732.6 km，道路面积$2 169 \times 10^4$ m^2，人均道路面积为12.7 m^2。

同时，随着车辆的增加，特别是家庭轿车拥有量的迅猛发展，给城市交通带来了前所未有的压力。青岛市的交通基础设施虽得到了很大改善，但相对于社会经济的快速发展仍显滞后。随着2002年11月30日东西快速路一期工程建成通车，2003年10月1日东西快速路二期工程建成通车，青岛市第一条城市快速路贯通了青岛东西市区，大大缓解了城市交通压力。2005年12月，青岛市第二条东西快速路杭州支路—鞍山路快速路开工建设，至2006年12月实现了主线通车，疏解了市区中南部东西向交通。但因未形成完善的快速路路网，市区道路网系统仍是一种骨架缺位、主次不分的模糊结构，市区路网分布不规则、道路衔接关系紊乱、道路平纵线型差，导致道路通行能力和路网的容量降低的状况仍未得到根本性的改善。随着青岛市政府进一步缩小南北差距、建设大青岛格局的战略目标的推进，"环湾保护、拥湾发展"，市区北部交通的完善进一步提到日程上来。

（三）交通量预测及建设规模

1.交通量预测结果

根据《青岛海湾大桥（北桥位）工程可行性研究报告》中对海湾大桥交通流量进行了预测（未考虑规划青岛二站客的建设对交通量的影响），预测结果如图3.32所示。

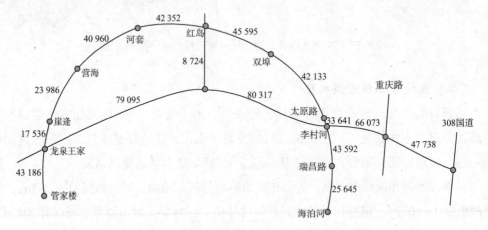

图3.32　2030年海湾大桥交通量示意图（单位：pcu/d）

根据以上的分析，大桥接线工程全线交通流量预测结果如表3.10所示。

表3.10　大桥接线工程全线交通流量预测表（pcu/d）

路段名称	交通量类型	2010年	2015年	2020年	2030年
环胶州湾高速公路—四流路	趋势交通量	26 800	40 067	50 652	67 737
	诱增交通量	1 340	2 003	2 533	3 387
	预测交通量	28 140	42 070	53 185	71 124
四流路—周口路	趋势交通量	26 400	39 468	49 894	66 723
	诱增交通量	1 335	1 996	2 523	3 336
	预测交通量	28 035	41 914	52 986	70 059
周口路—重庆路	趋势交通量	28 000	41 861	52 920	70 770
	诱增交通量	1 400	2 093	2 646	3 539
	预测交通量	29 400	43 954	55 566	74 309

（续表）

路段名称	交通量类型	2010年	2015年	2020年	2030年
重庆路—308国道	趋势交通量	24 000	35 881	45 360	60 660
	诱增交通量	1 329	1 987	2 512	3 033
	预测交通量	27 909	41 725	52 748	63 693
308国道—株洲路	趋势交通量	20 400	30 498	38 555	51 560
	诱增交通量	1 020	1 525	1 928	2 578
	预测交通量	21 420	32 023	40 482	54 138
株洲路—海尔路	趋势交通量	18 000	26 910	34 019	45 494
	诱增交通量	900	1 346	1 701	2 275
	预测交通量	18 900	28 256	35 720	47 769
海尔路—青银高速	趋势交通量	16 800	25 117	31 752	42 462
	诱增交通量	840	1 256	1 588	2 123
	预测交通量	17 640	26 373	33 340	44 585
青银高速—滨海公路	趋势交通量	23 800	35 582	44 982	60 154
	诱增交通量	1 190	1 779	2 249	3 008
	预测交通量	24 990	37 361	47 231	63 162

海湾大桥李村河—重庆路段和重庆路—308国道段，2030年交通量分别为66 073标准车/日和47 738标准车/日。本次预测考虑了规划青岛二站客的建设对交通量的影响，故预测比上述大桥交通量有所增加，李村河—重庆路段平均为71 831标准车/日，重庆路—308国道段为63 693标准车/日。

根据对青岛各区道路交通量的调查，青岛市区内高峰小时交通量占24小时交通量的10%～11%，表明青岛市的高峰强度不大。随着道路交通流量的增长，机动车流量高峰小时所占的流量比将逐渐减少，因此大桥接线工程2030年高峰小时系数为10%。

2. 接线工程沿线节点交通量量预测

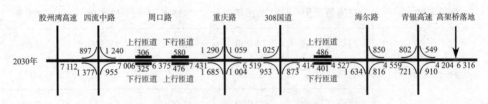

图3.33 大桥接线2030年高峰小时交通量预测示意图

大桥接线工程的主线走向为东西走向，将与多条城市快速路和主干路相交。为确保城市干路系统的功能完善和正常发挥，分析预测各节点2030年交通流量情况，具体见图3.34～图3.36。

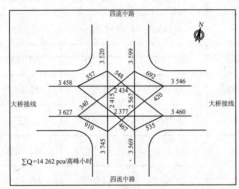
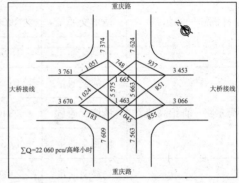

图3.34 四流路立交节点、重庆路立交节点总交通量预测示意图（pcu/h）

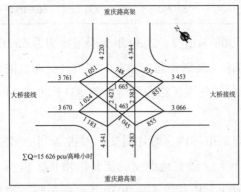
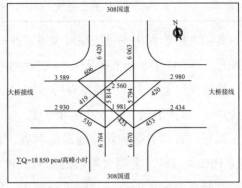

图3.35 重庆路高架、308国道立交节点交通量预测示意图（pcu/h）

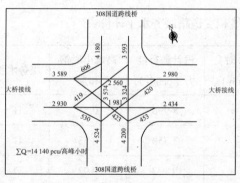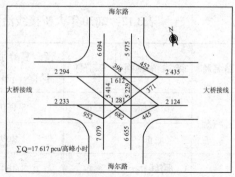

图3.36　308国道跨线桥、海尔路立交节点交通量预测示意图（pcu/h）

3. 预测年份服务水平评价

根据交通工程学理论，并参照《公路与城市道路设计手册》，计算大桥接线主线单向四车道设计通行能力N=5 494标准车/小时。

大桥接线工程设计为双向八车道，根据大桥接线方案沿线立交及匝道的设置，将大桥接线主线划分为6个路段，分别对其进行2030年高峰小时交通量饱和度和服务水平的评价。具体见表3.11。

表3.11　2030年大桥接线主线服务水平评价表

路段	高峰小时（pcu/h）	设计通行能力（pcu/h）	饱和度及服务水平	
环胶州湾高速公路—四流中路段	7 112		0.65	C
四流中路—周口路段	7 006		0.64	C
周口路—重庆路段	7 431	10 988	0.68	C
重庆路—308国道段	6 369		0.58	B
308国道—株洲路段	5 414		0.49	B
株洲路—海尔路段	4 777		0.44	B

从上表可以看到，大桥接线工程至2030年主线各区段饱和度处在0.4～0.7之间，服务水平大致处在B级或C级，大部分时间处于舒适、方便、稳定的行驶条件中，故大桥接线工程设计通行能力能够满足设计年限内交通量的要求。

分别对大桥接线沿线相交主要道路进行2030年高峰小时交通量饱和度和服务水平的评价。具体见表3.12。

表3.12   2030年大桥接线沿线相交道路服务水平评价表

道路名称	跨线桥/地面	车道数	预测高峰小时交通量（pcu/h）	设计通行能力（pcu/h）	高峰小时饱和度	服务水平
四流路	跨线桥	6	5 150	8 996	0.57	B
	地面	4	1 969	3 750	0.53	B
重庆路	跨线桥	6	8 364	9 122	0.92	D
	地面	8	6 634	5 548	0.94	D
308国道	跨线桥	6	7 873	8 996	0.88	D
	地面	6	4 610	5 360	0.86	D
海尔路	跨线桥	8	9 625	10 900	0.88	D
	地面	6	2 444	5 360	0.46	A

注：重庆路地面道路含2条公交专用道。

从上表可以看到，大桥接线沿线相交主要道路至2030年饱和度处在0.48～0.94之间，服务水平大致处在C级或D级，设计通行能力能够满足设计年限内交通量的要求。

二、总体方案设计

（一）总体方案布置

接线主线采用双向八车道高架，沿李村河北岸，跨越胶济铁路、四流路后，继续沿李村河—张村河跨越重庆路、308国道、海尔路向东，在海尔路东侧接入规划长沙路，以高架形式跨过深圳路，与青银高速公路相接后落地，向东与滨海大道相接。

一期工程至海尔路，设枢纽型立交3座，分别为重庆路立交、黑龙江路立交及海尔路立交；功能型立交1座为四流路立交；匝道3对，分别是周口路东、西两侧各一对上下行匝道及株洲路北侧一对上下行匝道。四流路立交为两层半菱形立交，重庆路立交为五层全定向互通立交，黑龙江路立交为三层单环+定向匝道立交，海尔路立交为四层单环+定向匝道立交。

（二）立交与匝道布置

由于大桥接线顺河道走线，桥下无地面辅路，故所有上下桥联系均需通过立交节点及匝道实现。立交与匝道设置总的要求如下。

（1）快速集散沿线两侧区域的车辆。

（2）便于海湾大桥交通流向市区中东部疏散。

（3）与已竣工通车的胶宁高架路、青银高速公路等构成市区的快速路网，集结老市区的车辆向市外疏散，减轻老市区的过境交通压力。

（4）与规划海底隧道接线、重庆路快速路相接，构成较为完善的城市快速路网。

（5）充分考虑与规划青岛火车站北站的交通联系。

1. 四流路（两层半菱形立交）

（1）节点特点。

该立交位于四流路跨李村河桥处，四流路规划为城市主干道，是市区南北向城市客运通道，现状四流路跨李村河桥为宽 20 m 的连续箱梁桥，仅实施了规划宽度的西半幅；东侧为漫水路。该处河道规划宽度约 250 m，河道两侧均有规划清淤路。距河道中心南侧约 470 m 处为郑州路、舞阳路五路交叉口；距北侧约 240 m 处为四流中支路、长治路交叉口。

（2）立交方案设计。

在现状胜利桥东侧（漫水路上方）新设南北向六车道跨线桥。大桥接线主线上跨该跨线桥，现状胜利桥为第一层，四流路新建跨线桥为一层半，大桥接线为两层半，通过 4 条定向匝道在胜利桥两端实现转向交通。四流路新建跨线桥向南跨过郑州路落地，向北跨过四流中支路落地，长约 1 030 m。为保证交通的顺畅及安全，立交范围内清淤路均设为单向行驶。

图3.37 四流路立交规划效果图与建成后卫片

2. 重庆路五层全定向立交

（1）节点特点。

该立交为快速路与快速路相交的交通枢纽，位于李村河与张村河汇流处，中心线夹角约为 64°。立交东北角为市钢结构彩钢压型板厂、奇飞木线厂，东南角为青岛津西钢管公司、胜利石油加油站，西南角为木材厂，西北角为三杰制衣厂、青岛恒汇纸业有限公司。主线跨越河中三角洲，区域地势东高西低，高程在 5 ~ 11 m 之间。

重庆路是青岛市"三纵四横"快速路网中的中间"一纵"，规划红线宽度 50 m，规划远期为高架形式。本段现状为三块板结构，车行道宽 20 m，侧向分隔带宽 2.5 m，非机动车道宽 6 m，无人行道。立交南侧约 230 m 处为郑州路，北侧约 440 m 处为青山路（原环城南路）。

（2）立交方案设计。

重庆路地面道路为第一层，重庆路高架为第二层，大桥接线为第五层，第二、五层通过两层定向匝道相连，西南象限和东北象限匝道为第三层，西北象限和东南象限匝道为第四层。由于大桥接线与重庆路夹角较小，匝道的设置既需保证满足道路纵坡的需要，又要保证匝道跨径不能太大，桥墩柱布置协调。同时，为减少立交占地及拆迁，与大桥接线及重庆路高架衔接段匝道均设一段距主线 1 m 的平行段，以满足匝道施工及爬坡的需要。八条匝道除两条匝道起终合并段为双车道匝道外，其余均为单车道匝道。

由于重庆路高架不能与大桥接线同步实施，重庆路高架主线方向设计两端近远期结合，分别设两对上下行匝道，南侧跨过洛阳路长约 230 m 落地、北侧跨过少山路长170 m 落地。重庆路高架两端近期采用跳水台形式施工至南北匝道处，通过该两对匝道与地面道路实现联系，以减少重复投资。

图3.38　重庆路五层全定向立交效果图

3.黑龙江路和海尔路组合立交

黑龙江路—大桥接线立交：与北侧现状的黑龙江路—海尔路立交，以及东侧约1.7 km处的大桥接线—海尔路立交，三座立交呈三角布置，距离较近。方案设计时考虑三座立交联合实现该区域的交通组织黑龙江路节点：黑龙江路规划为城市主干路，节点南侧约370 m处为规划郑州路，北侧约370 m处为海尔工业园大门，1 000 m处为黑龙江路—海尔路立交。黑龙江路现状跨河桥东侧有海尔工业园跨张村河桥。

黑龙江路—海尔路立交（现状立交）：现状黑龙江路—海尔路立交为三层半苜蓿叶半定向立交，海尔路地面道路为第一层，黑龙江路跨线桥为第二层，黑龙江路北向海尔路南方向左转及万年泉路北向海尔路南方向直行的定向匝道为第三层，除海尔路南向黑龙江路南方向及万年泉北向308国道北方向采用环形匝道实现外，其余方向左右转向均通过定向匝道实现。

目前，由于该立交万年泉路至海尔路方向通过匝道实现，地面无直行车道，万年泉路直行海尔路匝道入口距黑龙江路南右转海尔路南入口距离较近，且遮挡了其视距，该段地面道路极易造成交通混乱，经常引发交通事故。同时，海尔路跨线桥的落地点距离该立交较近（仅224 m），多路直行交织，交通组织更乱。由于黑龙江路西右转海尔路南方向车辆较少，可取消该段路堤匝道，改为绿化，黑龙江路右转海尔路车辆通过新设SF1地面辅路解决，这样在满足交通需要的前提下，保证了交通的顺畅与安全。另外，在万年泉路左转黑龙江路匝道口设一段隔离带，以确保万年泉路车辆不能通过地面道路逆行至海尔路；在海尔路西侧象限内现有两处下穿匝道的过路桥洞设置挡车柱，禁止机动车辆的通行。

海尔路—大桥接线立交节点：该立交为快速路与主干道相交的交通枢纽，位于海尔路跨张村河桥处。西南角有高科园西韩小学、崂山区一中。海尔路向北约1.6 km为海尔路—308国道立交，规划长沙路与海尔路交叉口位于立交范围内张村河南岸。立交范围内海尔路通过中韩桥横跨张村河，立交南侧约640 m处为合肥路，北侧约650 m处为株洲路，940 m处为海尔工业园东大门。

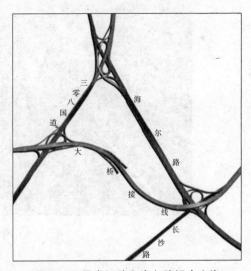

图3.39　黑龙江路和海尔路组合立交

图3.40　黑龙江路立交、大桥接线—海尔路立交、黑龙江路—海尔路立交

4.周口路匝道

（1）节点现状。

该匝道位于李村河河道，是周口路与大桥接线的连结点，周边多为临建厂房。该区域地势南高北低，地面高程在5 m至8 m之间。

（2）匝道布置。

周口路规划为城市主干道，道路宽度30 m，车行道20 m。商丘路规划为城市次干道，道路宽度20 m，车行道12 m。考虑远期规划青岛火车二客站的建立对区域交通的影响，在周口路两侧设置两对上下行匝道，用以分流四流路立交的交通量，匝道与李村河两侧清淤路相接，为减少冲突，保证交通的顺畅性与安全性，立交范围内两侧清淤路调整为单向行驶。立交范围内段周口路增设两个集散车道为双向六车道，以满足匝道交通的需求。

图3.41　周口路匝道效果图

5. 株洲路匝道

（1）节点现状。该匝道位于株洲路以北，通过两侧河道清淤路与株洲路相接，匝道东侧为海尔工业园，西侧为西韩村。

（2）匝道布置。该匝道配合海尔路立交，连接高科园以及浮山新区区域地面与大桥接线西的交通联系，以减轻对周边地面区域的交通压力。匝道从张村河河道上陆后，距株洲路80 m左右落地，与清淤路相结合，宽15.25 m，西侧清淤路近期只实施与匝道相接段，东侧改造现有的清淤路，局部受桥墩影响段进行调线。立交范围内段株洲路调整为一块板形式，利用6 m的中央分隔带设两个集散车道为双向八车道，以满足匝道交通的需求。

图3.42　株洲路匝道效果图

由于海尔路跨线桥及308国道跨线桥在海尔工业园门口落地，为减少对海尔的影响，在株洲路开辟海尔南大门。

图3.43　建成之后的跨海大桥高架路工程

第六节　胶州湾高速公路（市区段）拓宽改造工程

一、工程概况

（一）工程建设背景

2008年前后，青岛市在依托老城区、大力开发东部新城区、积极优化西部老城区的城市发展方针指导下，社会经济发展取得了瞩目的成就。在市区南部开发建设基本达到饱和的情况下，北拓和西进成为青岛城市发展的新趋势。

随着"环湾保护、拥湾发展"的城市发展战略的推进，环湾区域发展加速，亟须进一步理清环湾区域道路交通网络关系与用地之间的关系。市政府认识到，必须以有序的方式，来实现环湾区域这样一个面积巨大且十分复杂区域的快速发展，并制定了指导全市和环湾区域2020年发展的总体规划。一个综合的、高效率的和四通八达的城市交通系统规划，是该总体规划的一个有机的和基本的组成部分。环湾区域道路交通骨架的建设，将大大促进环湾区域的发展。

从功能来看，在"环湾保护、拥湾发展"的发展战略下，市区用地空间拓展和多组团布局逐步形成，胶州湾高速作为联系沿线各功能组团的轴线，是"环湾保护、拥湾发展"战略顺利实施的主要保障性道路，对于带动环湾区域各组团经济发展、满足发展过程中不断增加的交通需求具有重要意义。该工程现状功能定位为市区出入性通道，交通以货运和集装箱车辆为主，道路损坏较严重，沿线无市政配套管线，已不能满足环湾组团在"环湾保护、拥湾发展"战略下的开发建设需求；而高速公路封闭式管理，犹如一道屏障阻碍了区域内部和各组团间的交通联系，与环湾区域的规划和建设相悖。

从路网系统来看，道路交通构架胶州湾高速公路面临功能上的调整，需实现向环湾地区"四环"之一的转变，以充分发挥沿线规划组团的发展带动作用。而随着海底隧道、新疆路高架、海湾大桥等骨架路网的相继建设，胶州湾高速需要提升通行能力、调整功能定位，以实现与相关骨架路网的匹配。

从景观角度来看，濒临胶州湾是环湾区域最大的地理和景观资源优势，良好的景观资源是未来环湾组团发展的目标，也是环湾组团发展必不可少的推动力。要实现这一目标，需要打通市民亲水通道、提升道路景观功能。胶州湾高速公路需要实现由高速公路向城市道路的转变。

由于地形和历史原因，青岛市区形成了南北狭长形的用地格局，南北向通道数量有限，高峰时段骨干道路已基本全面达到饱和。随着城市空间的拓展、机动化水平的提高，在远期，青岛市南北向交通需求将持续快速增长，胶州湾高速作为重要的南北向通道之一，同时地处青岛近期发展的热点地区，亟待提升道路功能，分离不同性质的交通，提高运行效率。

作为"环湾保护、拥湾发展"战略的先行项目以及战略顺利实施的支撑和保证，胶州湾高速拓宽改造工程提出后，受到市委市政府的高度重视。

（二）总体规划方案

该工程推荐采用地面道路拓宽方案。主线拓宽为双向八车道；沿道路东侧设置地面辅路，辅路车行道宽度8 m，单侧设4 m宽人行道；改造瑞昌路及双埠两座立交，新建大沙路、沧海路、汾阳路三座立交，增设滨海路平行匝道；按照规划统一敷设市政管网。

结合立交节点特征、沿线厂矿企业搬迁及地块开发进程，工程分期实施。近期实施内容主要有：主线按双向八车道标准拓宽，改造瑞昌路及双埠两座立交，增设滨海路平行匝道，沿主线及东侧绿化带下方敷设市政管网；远期实施沧海路、汾阳路、长沙路三座立交及道路东侧辅路。

（三）工程建设必要性

1. 工程是"环湾保护、拥湾发展"城市发展战略顺利实施的需要

2007年，青岛市委市政府提出了"依托主城、环湾保护、拥湾发展、组团布局、轴向辐射"的城市空间发展战略，着力构建"一主三辅多组团"现代化国际城市框架。

随着政府报告中"环湾保护、拥湾发展"城市发展战略的出炉，胶州湾将成为青岛市下一步发展的核心，未来将全力打造环胶州湾核心圈层，使胶州湾成为环境优

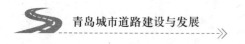

美、风景怡人、高端产业聚集的城市内海。

随着"环湾保护、拥湾发展"战略的实施，未来南北交通需求更加迫切，目前急需在胶州湾东海岸区域开辟南北向的交通通道，增加南北向车道数，以满足近期交通需求。

在"环湾保护、拥湾发展"的发展背景下，胶州湾高速串联起环湾区域的大部分区域，沿线规划组团包括港航经济服务区、现代化滨海城市组团、临空商务区、生态型科技新城、现代制造业基地、都市工业园区。在这样的背景下，胶州湾高速的功能将演变为拥湾区域发展轴线，沿线规划性质决定了胶州湾高速较高的景观要求。

2. 工程是加强区域间及对外交通联系的需要

胶州湾高速建成于1996年，双向四车道，为收费公路，犹如一道屏障阻碍了区域内部和各组团间的交通联系，沿线仅分布有海泊河、瑞昌路、太原路及双埠四个进出口。随着城市规模扩大、主城区空间扩张、填海地开发以及滨海岸线的生产生活功能转移，胶州湾高速逐渐成为阻隔滨海岸线与城市腹地的屏障，不利于城市空间资源整合。随着周边老工业厂区搬迁，新的城市功能注入，以及海岸线资源利用、城市景观需要等，胶州湾高速的制约性日趋明显。

胶州湾高速拓宽改造后，利用沿线立交节点及东侧辅路的集散功能，加强与横向道路的交通联系，能够为沿线组团的对外交通提供便利。

3. 工程是改善投资环境、促进经济发展的需要

现状胶州湾高速沿线多为厂矿企业，环境质量差。随着"环湾保护、拥湾发展"城市发展战略的提出，胶州湾沿线组团急需要良好的发展环境。

胶州湾高速改造为双向八车道景观大道后，沿线景观及交通环境将得到极大改善，辅以市政配套管线，为沿线组团创造良好条件。

4. 工程是缓解城市南北向交通状况的需要

由于南北向的胶州湾高速及青银高速均为收费公路，对疏解市内交通作用较小，大量南北向交通涌入重庆路及黑龙江路，导致两条干道交通量达到饱和，尤其是重庆路，经常出现交通阻塞。《重庆路快速路项目建议书》已通过了专家评审。

胶州湾高速拓宽改造并取消收费后，将能够有效吸引周边区域的南北向交通，从而缓解重庆路等南北向干道的交通压力。

二、总体方案规划

胶州湾高速拓宽改造工程南起杭—鞍快速路，北至仙山路（规划双高路）接双元公路，全长约15.6 km。工程北端的双埠立交北接双元公路，东接双流高架桥，是

联系高新区、城阳区和空港的重要节点，同时也是青岛市区对外交通联系的重要枢纽之一。

（一）规划设计原则

根据工程在城市路网中的地位、作用、功能、服务水平，结合地形、地质、水文等自然条件，确定总体方案设计原则如下。

（1）在城市总体规划及环湾区域规划思想指导下，进行本工程的设计研究。

（2）根据工程规划线位进行方案设计。

（3）结合胶州湾东岸及新客站周边地区概念规划，特别是四方滨海新区、铁路北客站及高新区相关规划进行方案设计。

（4）近远期结合，进行多方案比选，以求最佳的投资时期、投资规模及效应。

（5）合理处理工程沿线的主要节点，特别是双埠立交，以形成有机的路网骨架，充分发挥其城市交通干道的功能。

（6）考虑城市景观的需要、道路与桥梁的布局，采用外形和谐的结构线条，以达到改善城市环境、美化城市的目的。

（7）尽可能采用降低施工难度、加快施工进度的设计，合理组织施工及施工期间的交通组织。

（8）采用的新技术、新工艺和新材料，既要经济合理，安全可靠，又要适合本工程的建设特点。

（9）充分考虑远期城市快速公交专用道的设置。

（10）工程主线设计行车速度需保证与市区内骨干路网统一，立交节点及地面辅路需满足与主要道路的交通联系。

（二）路线走向

工程南起杭—鞍快速路，北至仙山路（规划双高路），全长约 15.6 km，其中双埠立交以南段为现状胶州湾高速公路（长约 14 km），立交以北段沿现状德顺北路接双元公路。控制路线走向的主要因素如下。

（1）胶州湾邻海段。沿线胶州湾邻海段范围：起点—滨海路（K0+000 ~ K13+000，约 13 km）。目前湖岛河—李村河段（四方滨海新区）、太原路—沧海路段（海信填海地）道路西侧已进行了回填；楼山河以南约 1 km，为白泥治理区，目前正在施工；楼山河—滨海路段回填较早，为楼山河污水处理厂所在地。

（2）沿线构造物。工程南端的杭鞍快速路已建成通车；中部的海湾大桥及太原路立交为海湾大桥设计范围，目前该立交已开工建设。立交按现状胶州湾高速主线道路中心线向两侧拓宽为双向八车道设计。

（3）道路总体方案。道路总体方案特别是横断面布置方案对路线走向有一定的影响。

（三）工程总体方案

结合沿线道路现状、场地条件、路网规划、交通需求等因素，工程共规划设计了四个总体方案，分别为地面道路拓宽方案、高架+地面道路拓宽相结合方案、全线高架方案、半开口地道+地面道路拓宽相结合方案。

1. 方案一——地面道路拓宽方案

根据《青岛市综合交通规划（2008~2020年）》：胶州湾高速（海泊河—双埠立交段）是青岛市拥湾发展战略环湾骨架中的重要组成部分，"兼有疏港、出口通道、青红联系等多重功能，为客货通道，胶州湾高速以地面形式为主，两侧必要时可增加辅路，预留拓宽快速八车道条件"。

结合规划及交通量预测分析结果，方案一将胶州湾高速按照双向八车道拓宽改造。同时为充分发挥道路交通功能、减小横向交通对主线的影响、有利于市政配套管线的敷设，本次借鉴国内大城市的做法，沿道路东侧设置上下行辅路。

道路标准横断面布置如图3.44所示。

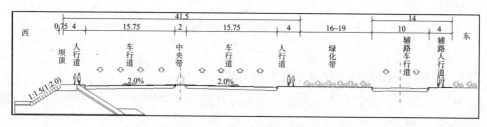

图3.44　方案一标准横断面图

设计横断面将现状道路中央分隔带宽度拓宽至3.5 m，两侧各拓宽8.5 m设置车行道及人行道。拓宽后道路红线总宽41.5 m，为双向八车道，其中单向车行道宽度15 m。

根据交通需求预测：近期胶州湾高速为客货混行道路，货运车辆比例较高，15 m=0.5 m（路缘带）+3.75 m（混行车道）×2+3.25 m（小型车道）×2+0.5 m（路缘带）；远期客货分离后，15 m=0.5 m（路缘带）+4 m（快速公交专用车道）+3.5 m（小型车道）+3.25 m（小型车道）×2+0.5 m（路缘带）。

结合相关规划及现状条件，在现状东侧土路的基础上，辅路布置于胶州湾高速东侧20.5~24.5 m处，基本平行于快速路主线。辅路车行道宽度为8 m，单侧（东）设置人行道，红线宽度为12 m。由于受李村河河口的海湾大桥立交及规划青岛铁路北客站用地限制，辅路（李村河—沧海路，约为2.6 km）不具备敷设条件。

工程沿线的海湾大桥及太原路立交为海湾大桥的设计范围，目前已开工建设，结合交通流量预测结果及相关规划，本次在对现状瑞昌路及双埠两座立交改造的基础上，新建大沙路、沧海路、汾阳路三座立交，同时在充分利用现状滨海路地道的基础上，加强与市区路网的交通联系，沿地道两侧分别设置一对平行匝道。同时改造胶州湾加油站、双埠村机耕路及丰海路等三处地道，由于地道周边地块用地尚未明确，本次根据胶州湾高速拓宽红线宽度的需要，在现状地道宽度的基础上进行延伸改造。新建人行天桥6处，分别是宜昌路、四方滨海新区、李村河、汾阳路立交两侧及楼山河人行天桥；瑞昌路、大沙路、沧海路等立交均设置人行过街设施。另外，沧海路附近结合远期铁路青岛北站规划方案设置过街设施。

该方案优点：工程投资低；施工期间可采取半幅施工方法，能够保证现状交通不中断；景观效果好，有利于景观大道的营造。缺点：需设置地面辅路，且辅路不能形成贯通性通路；部分路口仅允许车辆右进右出，对道路两侧横向交通联系影响较大；道路红线宽，需大范围处理软土地基。

2. 方案二——高架+地面道路拓宽相结合方案

方案二与方案一的根本区别在于起点—海湾大桥立交段，海湾大桥立交以北段两方案一致。起点—海湾大桥段，方案二将快速路主线与东侧辅路"合并"设置，主线为双向六车道高架桥，桥下为地面辅路。

方案的设计主要考虑以下因素。

（1）道路西侧湖岛河—李村河段规划的四方滨海新区，是环湾区域率先启动的片区及核心区，根据我们编制的《四方滨海新区及周边区域综合交通体系研究》，四方滨海新区建成后自身交通量较大，胶州湾高速两侧的横向交通需求密切，快速路主线采用高架形式为横向交通提供了便利。

（2）在充分利用现状道路的基础上，减少了软弱路基的处理面积。

道路标准横断面布置如图3.45所示。

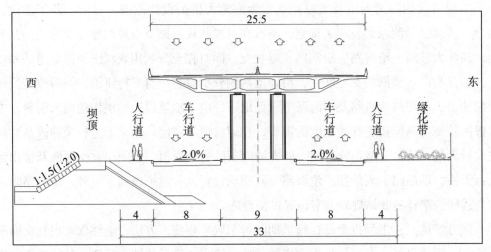

图3.45　方案二标准横断面图

主线为双向六车道，桥面总宽25.5 m，桥下地面道路为双向四车道，道路红线总宽33 m，其中车行道总宽25 m，与现状胶州湾高速车行道宽度基本一致。

高架桥的设置范围：K0+300～K4+500，全长约为4.2 km。南端与杭鞍快速路主线之间设置长约为300 m的交织段，北端落地点与海湾大桥立交分流匝道之间交织段长度约为350 m。

由于快速路主线采用高架形式增加了横向联系，瑞昌路及大沙路节点均采用平行匝道与地面道路相接。即工程在改造现状瑞昌路及双埠两座立交的基础上，新建沧海路、汾阳路两座立交，并设置大沙路及滨海路平行匝道。

该方案的优点：部分加强了道路两侧横向交通联系；工程红线较窄，李村河以南段避免了软弱路基处理。缺点：工程投资较高，采用满堂支架施工，需中断现状交通，景观影响较大；李村河以北段需修建地面辅路；景观影响较大。

3. 方案三——全线高架方案

快速路主线南端与杭鞍快速路对接，向北通过高架桥形式分别跨过瑞昌路、海湾大桥立交、太原路立交、滨海路等与双埠立交相接，高架桥全长约为15 km。高架桥横断面图及沿线立交、匝道设置同方案二。

该方案的优点：道路红线窄，避免了软弱地基加固处理，工期较短；整体通行能力较强；道路两侧横向交通联系顺畅；无须另行修建辅路。缺点：工程投资最高；采用满堂支架施工，需中断现状交通；对景观影响最大，不利于景观大道的营造。

4. 方案四——半开口地道+地面道路拓宽相结合方案

为兼顾景观及横向交通需求，方案四在方案一的基础上，将快速路主线沿湖岛河开始下穿，自海湾大桥立交南侧爬升地面后与现状道路相接，半开口地道长约 2.9 km。开口地道段沿线主要相交道路采用盖板覆盖。李村河以北段，同方案一。道路标准横断面布置如图 3.46 所示。

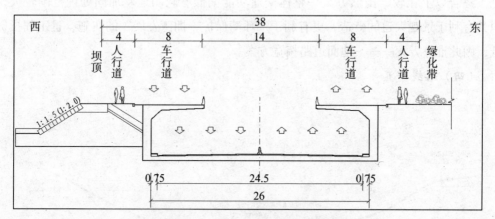

图3.46　方案四地道段标准横断面图

半开口地道主线为双向六车道，地面辅路为双向四车道。

该方案优点：工程投资较低；加强了李村河以南段道路两侧的横向交通联系；道路红线宽度较窄，地基处理范围较小；对景观影响较小。缺点：开挖施工需中断现状交通；对沿线过路泄洪涵、路中心国防光缆及现状各种过路管线影响较大；距离胶州湾海域较近，海水倒灌易带来灾难性的后果；削弱西侧海坝断面尺寸，对海坝整体稳定性有不利影响。

5. 方案综合比较

四个方案相比较，方案四——半开口地道+地面道路拓宽方案尽管对景观影响较小，由于其缺点较为明显，首先进行排除，主要对其他三个方案从以下几个方面进行比较。

（1）景观功能。胶州湾高速作为青岛市"拥湾发展"战略环湾骨架中的重要组成部分，景观功能要求较高。方案一地面道路拓宽方案有利于景观大道的营造，方案二高架+地面道路拓宽相结合方案次之，方案三全线高架方案对景观影响最大。

（2）横向交通联系。快速路主线采用高架桥形式有利于道路两侧横向交通联系。方案三优于方案二，方案二优于方案一。

（3）整体交通功能。方案三优于方案二，方案二优于方案一。但三个方案均能满足交通预测需求。

（4）软弱地基处理及工程工期。方案三标准路段红线宽度与现状道路红线宽度基本一致，避免了软弱地基加固处理；方案二地基处理范围较小；方案一地基处理范围最大，路基处理工期较长。

（5）工程投资。方案一投资较低，方案二次之，方案三最高。

综合以上比较，虽然方案一整体交通功能偏低、软弱地基加固处理范围较大，但其有利于景观大道的营造，更有利于"环湾保护、拥湾发展"的实施，且工程投资低，因此推荐方案一——地面道路拓宽方案。

（四）路线布置

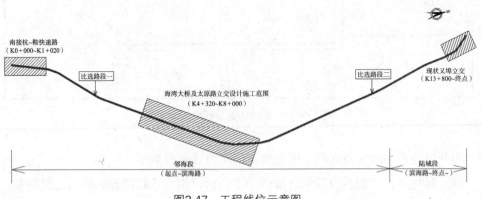

图3.47　工程线位示意图

如图 3.47 所示，K0+000～K1+020 为工程南端与杭鞍快速路对接段（直线段）；K4+320～K8+000 为海湾大桥及太原路立交的设计施工范围；K13+800～设计终点为现状双埠立交范围。结合 8.2 节的考虑因素，工程比选路段共为两段：

比选路段一：K1+020～K4+320，长约 3.3 km；比选路段二：K8+000～K14+200，长约 6.2 km。

1. 比选路段一

比选路段一西侧均为邻海段，横断面布置共设计了三个方案，如图 3.48 所示。

现状道路总宽 24.5 m，其中西侧堤坝边缘距离道路中心线约 21.5 m。若胶州湾高速采用地面道路拓宽方案，拓宽后道路红线宽度为 41.5 m。

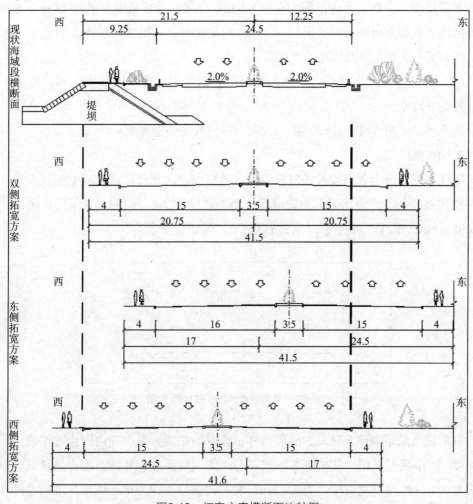

图3.48　拓宽方案横断面比较图

　　方案一——双侧拓宽方案：充分利用现状堤坝进行拓宽，拓宽后道路西侧红线距离堤坝边缘约0.75 m，道路东侧需拓宽8.5 m。

　　方案二——东侧拓宽方案：保留西侧车行道边线不动，向东侧拓宽13 m（利用现状西侧绿化带设置人行道）。

　　方案三——西侧拓宽方案：保留东侧车行道边线不动，向西侧拓宽13 m（利用现状西侧绿化带设置人行道），道路红线超出现状堤坝西侧边缘3 m。

　　方案比较：

　　（1）线形标准。胶州湾高速初期按高速公路标准设计，线型标准高，方案一能够保证原线形标准不变；方案二、方案三向单侧拓宽，将会降低现状线形标准。

　　（2）工程投资及实施难度。由于工程沿线多为软弱地基，本次工程拓宽段软弱地基多需处理。方案一处理范围为东侧8.5 m；方案二处理范围为东侧13 m；方案三处理范围为东侧4 m（人行道范围），且需加宽堤坝，实施难度较大。因此三个方案中，以方案一工程投资及实施难度最低。

（3）邻海空间。方案二向东侧拓宽，能够最大限度地保证邻海空间，方案一次之，方案三较差。

从上述三个角度综合比较，推荐方案———双侧拓宽方案。

2. 比选路段二

比选路段二分为邻海段及陆域两段。滨海路以南的邻海段推荐双侧拓宽方案，理由同比选路段一。滨海路以北为陆域段，路堤高度≤2 m，两侧设置了雨水边沟，路堤高度>2 m，车行道两侧按1:1.5坡度放坡，坡底设排水沟。

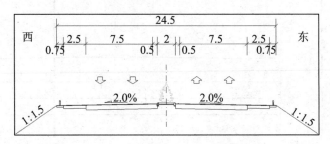

图3.49　路堤高度>2 m段横断面图

邻海段及陆域路堤高度≤2 m段同样推荐双侧拓宽方案，理由同比选路段一。路堤高度>2 m段若采用单侧拓宽方案仅需对一侧的坡面进行处理，工程量稍低，但由于高度>2 m的路堤段长度约为1.2 km，所占比例较小，为保证线型标准的连续性，建议采用双向拓宽方案。

综上所述，本次工程全线推荐采用双侧拓宽方案，双埠立交以南段路线走向与现状胶州湾高速完全一致。

（五）主要节点的布置与研究

在推荐方案的基础上，沿线立交节点设计需考虑的因素如下：提供远期客货分流通道，尽量满足横向交通需求，有利于景观大道的营造。

表3.13　工程沿线立交及匝道布置一览表

序号	名称	立交或匝道型式	立交中心或匝道合流点桩号
1	海泊河节点	对接	K0+000

（续表）

序号	名称	立交或匝道型式	立交中心或匝道合流点桩号
2	瑞昌路立交	全苜蓿叶立交	K1+807.86
3	大沙路立交	全苜蓿叶立交	K3+637.51
4	海湾大桥节点	海湾大桥设计范围	K5+655.51
5	沧海路立交	双环定向匝道立交	K7+582.13
6	汾阳路立交	半定向Y形立交	K9+415.56
7	滨海路匝道	平行匝道	K12+972.56
8	双埠立交	半苜蓿叶+半定向匝道立交	K14+570.78

1. 海泊河节点简介

海泊河节点为本工程与杭鞍快速路对接段，也是本次胶州湾高速拓宽改造工程的起点。

杭鞍快速路于2005年年底开工建设，2007年5月建成通车，为市区第二条东西向快速路，快速路主线自胶州湾高速出口处开始高架，沿海泊河向东，跨越胶济铁路、杭州路立交桥、海泊河公园、人民路及山东路后，于南京路前落地接入辽阳西路，全长约6.2 km。快速路起点处，主线桥面总宽25 m，双向六车道，两侧各有8 m宽地面辅路，红线宽度42.5 m。本工程红线宽度41.5 m，在节点范围内与杭鞍快速路变宽度顺接。

2. 瑞昌路节点

1）节点范围。南起湖岛河，北至青岛木材总公司湖岛货场，西起四方滨海新区，东至胶济铁路，东西向全长约1.1 km，南北向全长约1 km。

2）节点现状。节点范围内的主要道路有：瑞昌路、傍海路及兴隆路。傍海路位于铁路西侧，是规划安顺路的组成部分；兴隆路位于铁路东侧，规划为城市主干道。胶州湾高速与东侧胶济铁路间距约550 m，距离西侧填海地边缘约460 m。

胶州湾高速沿线地势较为平坦，瑞昌路沿线东高西低，胶州湾高速地面标高约为4.2 m，瑞昌路地面标高为4~6 m，东高西低。现状为A型喇叭式立交，收费站设置于立交中心东侧约215 m处。瑞昌路上跨胶州湾高速，跨线桥桥面总宽14 m，落地点位于胶州湾高速东侧约185 m处，瑞昌路自收费站东侧约55 m处再次上跨胶济铁路，跨线桥桥面总宽21 m。两处跨线桥之间交织段长度仅90 m。

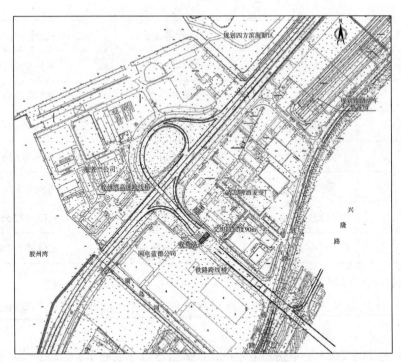

图3.50 瑞昌路节点现状平面图

立交西侧的青岛航务二公司后海基地地块及其北侧的四方填海地，是规划四方滨海新区的组成部分，远期将建设成为集商务、居住、休闲、购物、美食于一体的国际临海绿色新城；立交东南角为国电蓝德公司，东北角为青岛啤酒麦芽厂。

3）节点功能及周边主干路网。瑞昌路规划为城市主干道，向东跨过胶济铁路后，分别与兴隆路、杭州路、人民路等主要道路相交，向南通过山东路联系市区南部，道路交通功能较为突出。

4）立交设计思路及难点。立交西侧规划为四方滨海新区，瑞昌路是该区域的主要出入口，交通需求较大，立交节点应设计为"十"字型互通立交。

立交设计的难点在于对现状铁路跨线桥的处理。现状胶州湾高速跨线桥与铁路跨线桥间的90 m长度交织段，起到了青岛啤酒麦芽厂等周边车辆进出胶州湾高速以及胶济铁路东西两侧交通联系的功能，由于胶州湾高速与胶济铁路间距仅540 m，若立交设计为互通立交，瑞昌路主线与现状铁路跨线桥对接后设置上下匝道，交织段长度较短。同时，立交西侧匝道汇合点距离填海地之间的间距也是方案设计的考虑因素。

5）方案设计。结合交通量预测结果及现状场地条件，节点共设计了四个方案，如图3.51所示。

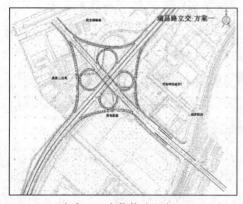
方案一：全苜蓿叶立交

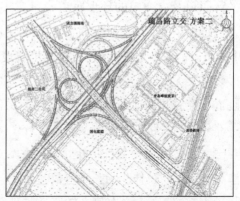
方案二：双环半定向匝道立交

方案三：长条苜蓿叶立交

方案四：菱形立交

图3.51　瑞昌路节点方案平面图

（1）方案一：全苜蓿叶立交。胶州湾高速为第一层，在取消现状收费站的前提下，瑞昌路主线上跨胶州湾高速与现状铁路跨线桥对接。通过对现状铁路跨线桥作适当改造，设置瑞昌路主线向西联系的一对平行匝道。青岛啤酒麦芽厂等车辆利用平行匝道及立交中的环形匝道绕行，实现铁路东西两侧的交通联系。立交区域沿瑞昌路两侧平行设置人行跨线桥，人行跨线桥桥面净宽4 m。

该方案优点：立交为全互通立交，交通功能较好，满足了各转向的交通需求；立交型式优美，景观功能较好。缺点：拆迁投资及占用四方滨海新区用地较大，部分车辆铁路东西两侧交通需绕行，交织段长度短，立交匝道合流点距离填海地边缘仅190 m。

（2）方案二：双环半定向匝道立交。方案二的设计思路是在方案一的基础上，尽可能增加立交与平行匝道之间的交织段长度。以两半定向匝道取代胶州湾东侧的环形匝道，两半定向左转匝道下穿胶州湾高速地面道路以降低立交高度（若半定向匝道采用上跨方案，则立交高度太高，定向匝道太长）；同样，青岛啤酒麦芽厂等车辆利用平行匝道及立交中的环形匝道绕行，实现铁路东西两侧的交通联系（上图中未示出人行过街系统）。立交东侧右转匝道与平行匝道之间交织段长度约210 m（方案一为140 m）。立交西侧右转匝道距离填海地边缘约190 m。

该方案优点：立交为全互通立交，交通功能高。缺点：立交临近胶州湾海域，定向匝道下穿胶州湾地面道路，匝道路面最低标高在 –2 m 左右，易积水，影响行车安全；部分车辆铁路东西两侧交通需绕行，交织段长度较短。

（3）方案三：长条苜蓿叶立交。方案三在方案一的基础上，将全苜蓿叶立交沿胶州湾高速方向"拉伸"为长条苜蓿叶形式。左转匝道最小半径为30 m（上图中未示出人行过街系统）。立交东侧右转匝道与平行匝道之间交织段长度约240 m。立交西侧右转匝道距离填海地边缘约300 m。

该方案优点：交织段长度较长。缺点：匝道转弯半径过小，立交整体交通功能较低。

（4）方案四：菱形立交。立交设计为菱形立交，瑞昌路为地面层，胶州湾高速公路上跨瑞昌路，上跨段采用双向六车道，沿瑞昌路南北两侧平行胶州湾高速分别设置一对接地匝道与瑞昌路地面道路相连。现状铁路跨线桥保留现状（上图中未示出人行过街系统）。

该方案优点：无工程拆迁，不占用四方滨海新区用地，工程投资低，交织段长度相对较长。缺点：交通转向需通过信号灯控制，不利于铁路两侧交通联系。

表3.14　瑞昌路节点方案基本参数比较表

方案及参数	方案一	方案二	方案三	方案四
拆迁面积（$\times 10^4 m^2$）	1.5	1.4	1.2	0.3
征地面积（$\times 10^4 m^2$）	4.5	2.6	3	1
占地面积（$\times 10^4 m^2$）	16.7	15.3	15.7	4.0
桥梁面积（$\times 10^4 m^2$）	2.4	3.8	3.5	1.3
立交层数	2	3	2	2
立交东侧交织段长度（m）	140	210	240	260
立交西侧距填海地边缘间距（m）	190	190	300	420

综合比较，推荐方案一：全苜蓿叶立交。

3. 滨海路节点

（1）节点范围。节点范围：南起楼山河，北至丰海路，全长约2.9 km。

（2）节点现状。节点范围内的胶州湾高速为填土路堤形式，区域内东西向交通主要依赖滨海路下穿地道实现。道路西侧主要有楼山河污水处理厂、青岛钢铁集团钢渣厂，东侧主要为青岛石油化工厂及双埠村等。现状滨海路下穿地道总宽17 m，双向四车道，净空高度5 m。

（3）节点功能。滨海路东接遵义路，重庆路以东段，规划向东打通与黑龙江路相接，为区域内东西向贯通性的交通主干道。其沿线主要分布有青岛钢铁集团、湾头村及天泰奥园等住宅小区等。

（4）方案设计。沿滨海路南北两侧分别设置一对平行匝道与下穿地道相接，匝道宽度8 m。同时在现状基础上，将现状地道拓宽为三幅，以增加行车通视距离，保证行车安全。

4. 双埠立交节点

1）节点特点。从青岛市总体路网看，青岛市区南北向主要道路为胶州湾高速、重庆路、黑龙江路及青银高速公路。其中胶州湾高速北接双埠立交，重庆路、黑龙江路、青银高速公路（除通过性交通外）交汇于流亭机场东北侧的流亭立交，因此双埠及流亭两处立交是青岛市区进出的"咽喉"。

2）节点现状。

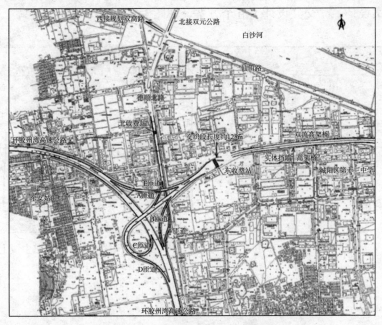

图3.52 改造前双埠立交平面图

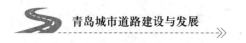

现状立交主体为喇叭式立交，西⟵⟶南方向为胶州湾高速主线，匝道分别命名为A、B、C、D匝道，同时立交增设了E、F两条匝道与德顺北路北方向相连。胶州湾高速道路总宽24.5 m，双流高架桥桥面总宽24 m，A～F六条匝道均为单车道匝道。现状立交主要考虑胶州湾高速与双流高架之间的互通，未设置德顺北路与东、西两方向的交通联系。

现状收费站共两处，其中东收费站距离东侧的双流高架桥西侧落地点约100 m，北收费站距离北侧仙山路路口约580 m。

立交周边以企业及东女姑山村平房为主，主要控制性建筑为距离立交东侧约900 m的城阳区第十三中学。

3）节点功能。结合工程总体方案及远期规划，节点北侧的双元公路远期规划为城市快速路，仙山路路口规划的双高路（双埠—高新区），是远期高新区与青岛主城区联系的主干道。

双流高架桥西起双埠立交，向东基本平行仙山路，自重庆路西侧向北转向后接入流亭立交，沿途与机场立交相接，远期拟通过定向匝道与重庆路快速路相连，因此双流高架桥不仅是进出机场的快速通道，也是加强南北向道路交通联系的重要组成部分。双流高架桥全线以实体挡墙结构为主，高架桥范围为K0+360～K1+060（西侧落地点为K0+000），长度约700 m。设计时，立交西北侧的高新区已开工建设，未来北向车辆将较为密集，因此立交方案设计应加强北向的交通联系。

4）方案设计。立交共设计了五个方案，如图3.53所示。

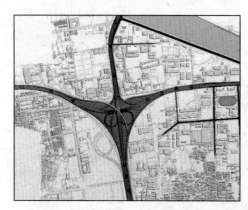

方案一：半苜蓿叶+半定向匝道立交

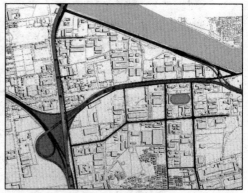

方案二：喇叭式立交+南北向主线上跨方案

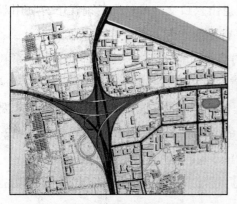

方案三：主线分离方案

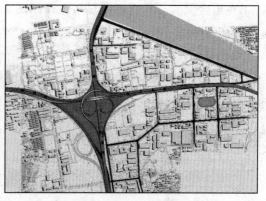

方案四：双环+半定向匝道方案

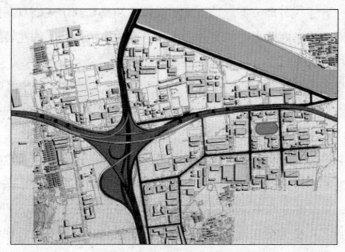

方案五：单环+南北主线下穿方案

图3.53 双埠立交节点设计的五个方案图

（1）方案一：半苜蓿叶+半定向匝道立交。方案一充分考虑远期高新区交通需求，立交设计为全互通立交，除西→北、北→东两方向采用环形匝道外，其余均为（半）定向匝道。

立交东端与现状双流高架相接对双流高架实体挡墙段进行改造，设置向东联系的一对平行匝道作为货运交通的分流通道。结合交通特点，立交西←→南方向的两条匝道设计为双车道匝道，桥面总宽9.5 m，其余匝道均为单车道匝道。

该方案优点：立交造型优美，交通功能高。缺点：占地及拆迁面积大，工程投资较高。

（2）方案二：喇叭式立交+南北向主线上跨方案。该方案充分利用立交现状，取消E、F两条匝道，代之以南北向主线高架桥，同时改造立交中的B匝道。立交东侧

A、B匝道合流后与双流高架对接。在保证匝道出入口交织段长度的前提下，利用双流高架桥实体挡墙段，设置向东联系的一对平行匝道作为货运交通的分流通道。

利用规划双高路代替立交西←→北方向的交通功能，东←→北方向的交通联系利用设置在立交东侧约1.3 km处的一对定向匝道实现，匝道位置的选择主要考虑利用现状双流高架桥实体段、降低工程实施难度等因素。节点拆迁面积约$1.4 \times 10^4 \, m^2$，主要为E、F两条匝道处的厂房，若东←→北方向的交通联系利用现状仙山路地面道路实现，即取消E、F两条匝道，节点拆迁面积仅约$0.3 \times 10^4 \, m^2$，工程投资低。

该方案优点：充分利用立交现状，工程拆迁及投资最低。缺点：立交整体功能较低。

（3）方案三：主线分离方案。该方案的设计思路是在利用规划双高路的基础上，适当降低立交北向与东西两方向的交通功能。立交中取消西→北的左转匝道，北→东交通利用环形匝道实现。

同样沿立交东侧设置向东联系的一对平行匝道，作为货运车辆分流通道。

该方案优点：定向匝道标准较高。缺点：对现状立交改造大，工程拆迁及工程投资较高。

（4）方案四：双环+半定向匝道方案。利用胶州湾高速现状地面道路作为立交西←→南之间的左右转匝道，西→北、北→东两方向设计为环形匝道，东→南方向设计为半定向匝道，立交亦在东侧设置了一对向东联系的货运交通平行分流匝道。

该方案优点：立交为全互通立交，立交交通功能较高。缺点：对现状立交改造较大，工程拆迁及工程投资较高。

（5）方案五：单环+南北主线下穿方案。方案五同样利用胶州湾高速现状地面道路作为立交西←→南之间的左右转匝道，西←→东方向主线设计为两幅以便于匝道的设置。东→南方向充分利用现状立交匝道实现。南北向主线下穿，以降低立交高度。

该方案优点：部分利用现状，立交为全互通立交。缺点：东→南方向匝道为左出匝道，与行车习惯不符；工程拆迁及工程投资较高。

（6）方案比较。如表3.15所示。

表3.15 双埠立交节点方案基本参数比较表

方案参数	方案一	方案二	方案三	方案四	方案五
拆迁面积（$\times 10^4 \, m^2$）	2.8	1.4	2.88	3.82	2.36
征地面积（$\times 10^4 \, m^2$）	6.2	3.30	8.5	8	5.6

方案参数	方案一	方案二	方案三	方案四	方案五
占地面积（$\times 10^4\,m^2$）	25.5	31.5	28.7	28.3	29.1
桥梁面积（$\times 10^4\,m^2$）	11	7.1	8.63	8.88	10

　　上述五个方案体现了三个设计思路：方案一不考虑现状利用，对现状立交进行彻底改造，交通功能高，工程投资最高；方案二在充分利用现状的基础上，加强南北向交通功能，立交整体功能较低，相应工程投资最低；其余三个方案充分利用现状胶州湾高速之间的直行交通。

　　在规划设计阶段推荐方案五：单环+南北主线下穿方案。在施工图设计阶段，考虑到对现状立交的应用，双元路快速路近期实施的可行性较小，最终采用了方案五的延伸变形方案。但由于工程改造时双元路向北采用近期落地方案，导致落地点距仙山西路距离较近，为后期交通运行埋下了拥堵隐患。自2016年起，青岛市相关部门着手研究北端节点的改造工程，在后续章节中会有阐述。

图3.54　节点最终实施方案

图3.55　2010年6月环湾路实现主线通车

第七节　新冠高架路工程

一、工程概况

根据青岛市快速路网规划，环胶州湾高速公路（市区段）及其延长线是市区"三纵四横"快速路网中的重要"一纵"，其中环胶州湾高速公路延长线主要包括新疆路高架快速路工程（以下简称新疆路）、东西快速路三期工程、胶州湾湾口海底隧道青岛端接线工程三部分。主城区快速路网至团岛端终结，再通过胶州湾湾口海底隧道与黄岛相连接。

胶州湾湾口海底隧道、海底隧道青岛端接线工程、东西快速路三期工程、环胶州湾高速公路（市区段）拓宽改建工程均已开工建设；沿线的东西快速路一、二期工程及杭鞍快速路，均已建成通车。由此可以看出，城市西部沿海"一纵"除新疆路高架快速路外，其他道路均已完成或即将完成。

从现状交通运行情况来看：由南向北第一条快速路——东西快速路（四车道）高峰时段车辆已达到饱和，而第二条快速路——杭鞍快速路——交通饱和度较低，尚未全面发挥快速路功能。青岛至黄岛之间的海底隧道建成后（2011年建成通车，双向六车道），为避免东西快速路及前海一线交通压力的进一步加剧，必须通过新疆路高架快速路向杭鞍快速路疏解黄岛方向车辆，因此，新疆路高架快速路工程的建设迫在眉睫。

该工程南起上海路路口，与东西快速路三期相接，沿胶济铁路西侧，以整体式高架形式沿冠县路、新疆路向北，跨过普

图3.56 工程地理位置图

集路货场后分为两幅，沿昌乐河两岸高架，终点经昌乐河立交接入杭鞍快速路，全长约3.5 km。

高架桥主线采用双向六车道，地面辅路分别采用双向六车道和双向四车道。全线设置4对匝道，分别为：小港二路匝道、渤海路匝道、昌乐路匝道、杭州支路匝道。

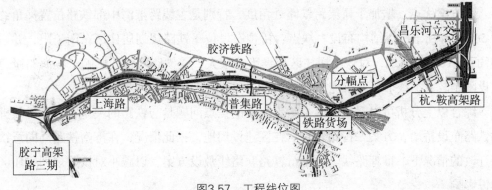

图3.57 工程线位图

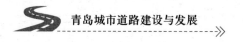

（一）线位走向

新疆路高架快速路是市区快速路网紧邻西海岸"一纵"的重要组成部分，在前期方案论证过程中，有关线路走向提出了多个方案，并根据专家意见进行了补充论证，最终推选沿胶济铁路西侧布线方案。

在确定路线总体走向的情况下，方案由于受铁路居住区及港湾中部铁路影响，在铁路货场段（规划居住区）考虑了两个方案。

1. 线位方案一：平行铁路联络线敷设

工程主线起点自上海路以北 K0+750.54（沿用快速路三期桩号）起，在胶济铁路西侧沿冠县路、新疆路向北高架，在普集路以北约 260 m 处跨过电气化铁路联络线，并基本平行于铁路联络线向东北方向敷设，上跨港湾中部铁路后至 K3+261.98 主线分为两幅沿昌乐河两岸高架，右线终点至 K3+983.88 接入昌乐河立交C-B和C-D匝道合流点，左线终点至 K0+895.16（左线桩号）接入昌乐河立交C-A和C-C匝道合流点，主线全长 3 233.34 m，左线全长约 783.87 m。该方案与规划线位走向基本吻合，在铁路规划安置区附近，为保证安置区的建设，线位向西调整平行铁路联络线敷设。

该方案优点：过铁路货场段占地较小，在规划居住区西北象限，对居住区建设影响较小；渤海路匝道敷设空间较大，线形顺畅。缺点：主线跨越港湾中部铁路位置与铁路夹角仅为 5°，且处于 R370 m 曲线段，下方为昌乐河河道，桥梁结构敷设困难，通过上一阶段分析研究，该方案须拆除铁轨以布设桥墩；由于跨铁路联络线段主线与铁路夹角小于 20°，桥梁约 220 m 处位于联络线上方，增加了桥梁施工难度及工程措施费。

2. 线位方案二：平行胶济客正线敷设（原规划线位）

主线南端起点与方案一相同，向北在普集路以南约 240 m 位置跨越铁路联络线，基本平行于胶济铁路客正线向西北方向敷设，至昌乐河位置以 R300 m 转北向跨过港湾中部铁路（夹角 50°）接昌乐河右岸，再向北布置与方案一相同。

该方案优点：增加了桥梁跨铁路处角度，特别是主线跨港湾中部铁路位置夹角约为 50°，有利于桥梁结构布设。缺点：桥位布设位于铁路规划居住区东南象限，并占用约 4×10^4 m^2 用地，对铁路居住区建设影响较大；受铁路联络线影响，渤海路匝道敷设限制较大，线形标准仅能满足 30 km/h。

综合以上分析可以看出：两个敷设方案的焦点问题是与铁路的关系，方案一须拆除铁路布设桥墩，方案二占用铁路居住区建设用地，据此情况，在济南铁路局同意铁路迁改的情况下，推荐路线走向平行铁路联络线敷设方案，以减小对铁路规划居住区建设影响。

（二）匝道方案设计

在前期方案研究过程中，对各匝道的位置及功能进行了大量的论证工作。

1. 交通源分析

新疆路高架是市区西南部快速路网的重要组成部分，匝道布置及服务范围应辐射区域内主要交通源，如主要商圈、居住区、火车站等。

主要商圈：台东商圈、中山路商圈、即墨路商圈。

（1）台东商圈位于青岛市城市中心区的核心，集商贸、金融、文化、娱乐、居住为一体，是目前青岛市规模最大、最为繁华的商贸区。

（2）中山路是一条有着百年历史、闻名全国的商业街，曾经是青岛的"名片"，南接风景名胜——栈桥，北接老青岛著名的"大窑沟"。

（3）即墨路商圈曾在20世纪90年代前后风靡全国。近期，市北区对该区域进行了改造，建成了即墨路古建筑商贸区。

主要居住区：小港湾居住区、普集路规划居住区。

（1）小港湾居住区：规划总建筑面积约 $121 \times 10^4 \, m^2$，项目计划分四期实施。目前，项目拆迁安置区已建设完成。

（2）铁路规划安置区：规划总建筑面积约 $67 \times 10^4 \, m^2$，目前正在拆迁。

其他重要交通源还包括火车站、港务局等。

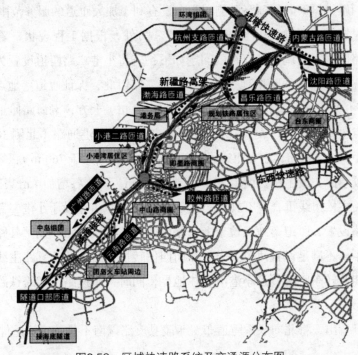

图3.58 区域快速路系统及交通源分布图

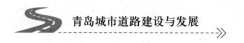

2. 小港二路与渤海路匝道

匝道功能：小港二路匝道与渤海路匝道为两对配对匝道，分别保证南向和北向联系，主要服务于中山路商圈、即墨路商圈、小港湾居住区、新疆路沿线及铁路东侧居住区等。

匝道位置：小港二路匝道与渤海路匝道是配对匝道，位置选择统一进行考虑。从交通功能来看，两对匝道分别向南、向北集散小港湾居住区及新疆路沿线车辆，并担负中山路商圈、即墨路商圈向北疏解的功能。

中山路商圈通过市场三路铁路桥洞向北疏解，对北向联系匝道设置位置基本无影响。

即墨路商圈位于东西快速路以北，车辆进出新疆路快速路系统需通过市场三路或陵县支路铁路桥涵。在小港湾居住区建成后，市场三路路口将达到饱和，增加了即墨路商圈的交通量，将造成该路口严重交通拥阻，因此，即墨路商圈车辆更宜通过陵县支路桥涵向北联系，北向匝道设置于陵县支路以北更适宜即墨路商圈交通疏解。小港湾居住区交通向南集散主要通过市场三路交叉口，向北集散需通过沿新疆路布设的匝道实现。

通过以上对交通源的分析，将北向联系的匝道布设于陵县支路以北、向南联系的匝道布设于陵县支路以南更为有利。同时，在地面辅路通行状况较好的情况下，南北方向上联系的匝道尽量向新疆路两侧端头布设有利于加大匝道的服务范围。

以上是从交通功能上分析匝道设置位置。另外，根据工程现状，若将小港二路匝道与渤海路匝道方向调换，存在的问题如下：若将小港二路匝道设置为北向联系匝道，有两种方案：① 将匝道落地点布设于小港二路以北；保证匝道落地点距路口大于105 m，匝道并入主桥位置位于陵县支路（南侧60 m）上方；渤海路匝道设置为南向匝道，落地点距普集路路口大于105 m，匝道并入主桥在港通路（北侧30 m）上方；两对匝道间距约为430 m，小于匝道设置间距要求（要求大于760 m），需要设置集散车道，使得胶澳海关段主桥宽度由25 m增加为33 m（两侧各增加4 m集散车道），桥梁边线与海关主楼边线重合，不具备实施条件。② 将匝道布设于小港二路以南；匝道跨过小港二路设置，匝道落地点位于上海路以南，该处快速路三期莘县路主线与胶济铁路之间的距离不满足设置匝道要求，需向西偏转快速路三期莘县路主线，这样会造成快速路三期北转东匝道侵入小港湾居住地界，同时，快速路三期跨铁路部分匝道已施工完成。

由此可以看出，将北向联系匝道布置于陵县支路以南不具备实施条件。

3. 小港二路匝道设计方案

匝道的设计主要是考虑周边路网衔接、莘县路立交及电气化铁路等控制因素。接地点不易距路口太近，同时应尽量增大并入主桥位置与南侧立交出口的交织长度，根据周边环境、道路用地、拆迁空间、路况实施条件布设匝道方案。

小港二路节点设计为北向南下桥、南向北上桥匝道，根据交通量预测结果，设计为单车道匝道，净宽 7 m，总宽 8 m。上桥匝道与莘县路立交北→东匝道之间交织段长度约 430 m，小于 760 m，须设置集散车道；下桥匝道与莘县路立交东→北匝道之间交织段长度约 515 m，小于 760 m，同样须设置集散车道。因此，在小港二路匝道与莘县路立交之间主线半幅标准宽度为 16.5 m（增设 4 m 集散车道），根据现状条件在上桥匝道设置 235 m 加速车道，下桥匝道设置 160 m 减速车道。匝道最大纵坡均采用 5%。

下桥匝道落地点距陵县支路路口 105 m，匝道与胶济铁路之间为铁路第四线敷设预留 5 m 空间，匝道接地点与陵县支路路口间出口车道拓宽为五车道，一个掉头车道，三个直行车道，一个右转专用道。上桥匝道右侧设置一条 7 m 宽辅助车道，保证客运站出行要求；入口车道总数为 3（地面辅路）+1（匝道）+1（右侧辅路）=5 条。

4. 渤海路匝道设计方案

渤海路节点设计为南向北上桥、北向南下桥匝道，根据交通量预测结果，设计为单车道匝道，净宽 7 m，总宽 8 m。匝道平行于主线布置，位置在征地拆迁范围内，从平面上来看无控制因素。从竖向高程来看，主线在普集路北侧以 1.27% 爬坡跨过铁路联络线，匝道并入主桥位置处于追坡状态，考虑减小桥梁跨铁路施工难度。因此，可以把匝道并入主桥点设置于普集路以南。匝道纵坡采用 5%，在主线 K1+781 处落地，落地点距路口 108 m。

5. 昌乐路匝道

匝道功能：昌乐路匝道主要服务于铁路东侧居住区及台东商贸圈等，考虑到杭鞍快速路在台东商圈附近没有预留向西联系快速路主线的匝道，该匝道的设置对于加强铁路东侧区域及台东商贸圈与规划环湾各组团的交通联系具有重要意义。

匝道位置：昌乐路匝道须下穿胶济铁路，现状预留的铁路桥洞决定了该匝道的敷设位置。

通过改造现状昌乐路铁路桥洞，昌乐路匝道可以直接疏散胶济铁路以东车辆，分担陵县支路交通压力；另外，已建杭鞍快速路在沈阳路、内蒙古路设置一对向东上下桥匝道，可以保证台东商圈与主城区东部的交通连接，而与环湾组团间的联系则需要通过昌乐路匝道实现，昌乐路匝道与沈阳路、内蒙古路匝道共同组成台东区域对外出

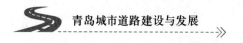

行的配对匝道。

匝道的设计应考虑昌乐路桥涵、港湾中部铁路、铁路调度房及驻军配电所等控制因素。节点设计为南向北上桥、北向南下桥匝道，根据交通量预测结果，设计为单车道匝道。

匝道与杭州支路匝道之间交织段长度约480 m，小于760 m，设置集散车道；下行匝道与主线分离后，在港湾中部铁路位置下穿高架主线，该处满足电气化铁路、桥下通车的净空要求，同时布置匝道尽量贴近主线，避开铁路调度房和驻军配电所；上行匝道沿现状昌乐河河岸向北布置，再向北布置一对反向曲线在跨过港湾中部后并入主桥，在铁路位置满足电气化铁路净空要求（8.35 m）；上下行匝道均在昌乐路铁路桥洞前落地，并尽量远离桥涵以满足路口停车排队和交织长度，具体布置为北侧满足铁路净空要求，南侧在铁路桥洞前50 m落地。

匝道落地点距离铁路安置区内部道路较近，为防止下桥车辆与安置区上桥车辆的交通冲突，设置分隔带至大港纬五路路口，安置区上、下桥车辆通过调头进出。

6. 杭州支路匝道

匝道功能：实现杭州支路和长途汽车站周边与南部城区的交通联系。

匝道位置：在昌乐河河口段平行主线设置。

方案设计：根据交通量预测，杭州支路匝道设计为单车道匝道，平行于两岸分幅设置的主线。

匝道设计应考虑港务局用地、港湾客车停留场、警备区用地等控制因素。在该段主桥沿昌乐河两岸布置，现状港湾客车停留场（火车停车用）距离杭州支路约350 m。匝道平行主线布设，南侧须上跨现状铁路，根据铁路净空要求，匝道采用5%纵坡，落地点距杭州支路路口约80 m，不满足间距要求，因此在匝道落地与杭州支路平交口要求右进右出。另外，根据桥梁结构布设要求，匝道在跨过港湾客车停留场向南约35 m处并入主桥。

杭州支路匝道考虑区域开发建设情况，近期其交通需求量不大，根据专家意见，昌乐河左岸匝道暂缓实施，在主桥与匝道相接处预留接口，以保证远期在交通需求增加的情况下，可以根据交通量增设该匝道。

（三）重点路段方案设计

在规划设计中，有两处路段方案布置较为困难，分别为过胶澳海关段和跨港湾中部铁路段。

1. 胶澳海关段

根据评审专家组意见，"胶澳海关段方案布置建议增加一个在新疆路现状路宽范围内采用双层错位高架断面以及相应的特殊桥梁结构实现不动迁、不平移胶澳海关主楼及附属建筑的新方案"，在初步设计阶段主线南段确定采用整体式高架方案、北段确定采用分离式高架方案，胶澳海关段比选整体式高架和分离式高架两种方案。

（1）方案一：整体式高架。在东西快速路三期工程及昌乐河立交方案均已确定的前提下，工程起点位置采用整体式高架方案、终点位置沿昌乐河两岸采用分离式高架形式已确定。工程结合沿线现状道路、场地条件、道路规划、交通需求、预测交通流量、环境保护等因素布置总体方案。

高架桥路线走向已确定，在上海路—港湾中部铁路段，主线桥面标准段宽 25 m，为双向六车道；在昌乐河段采用分离式高架，单幅桥面标准段宽 16.5 m，单向四车道；与地面联系的上下行匝道均为单车道，桥面总宽 8 m；桥下地面辅路在上海路—陵县支路段为双向六车道，在陵县支路—普集路段为双向四车道。

在胶澳海关段，保护建筑距电气化铁路挡墙距离约为 24.2 m，该段整体式高架桥布置原则是尽量靠近铁路，减少对海关保护范围的侵占。

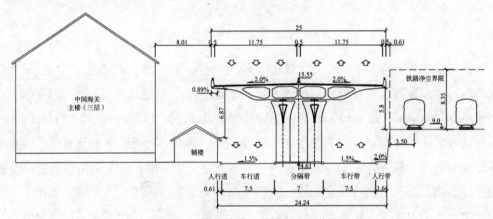

图3.59　整体式高架（海关段）布置

根据上述原则，近期保留海关现状，控制桥梁右侧边线距电气化铁路隔音屏最小距离 0.5 m，左侧边线侵入海关裙房上方 0.9 m，距海关主楼 8 m，竖向上抬高主桥高度，保证梁底距保护建筑屋顶距离大于 5 m；中央分隔带设置为 7 m，地面辅路设置为双向四车道，单幅宽度 7.5 m，东侧人行道大于 1.5 m，西侧人行道近期无法实施，远期规划人行道宽度 5 m。

该方案优点：桥梁结构美观，线形标准较高，行车顺畅，与区域快速路网体系相匹配。缺点：侵入胶澳海关保护范围 0.9 m；近期西侧人行道无法实施。

（2）方案二：分离式高架。结合现状情况及专家意见，为避免桥梁边线侵入海关保护范围，提出了分离式高架方案。

分离式高架同样南接快速路三期，在 K0+810 处主线分离，右线以 2.4% 向上爬坡，左线继续保持 1.69% 下坡坡度。在 K1+130 两层高架桥满足桥梁净空处，左右线渐变并入为分离式高架形式，并以标准段结构敷设至 K1+800，左右线逐渐分离，在渤海路段合并为整体式高架。

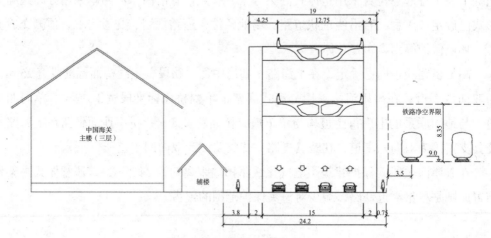

图3.60　分离式高架（海关段）布置

高架桥主线采用上下分离错层布置，单幅桥标准段宽度为 12.75 m，为保证桥下地面道路布置，在布置立柱处横梁外挑，桥面总宽 19 m，柱边线距保护范围 3.8 m。地面辅路双向四车道，总宽 15 m。右侧人行道预留最小净宽 0.75 m，左侧人行道 3.8 m。

该方案优点：桥梁边线避免侵入胶澳海关保护范围。缺点：在小港二路—陵县支路段地面道路不具备敷设双向六车道条件，不满足交通功能；陵县支路地面道路受桥梁立柱影响，不具备路口展宽条件，不利于路口交通快速疏散；快速路主线在平、纵设计中，不满足《城市快速路设计规程》有关平纵线形组合设计规定，具体为竖曲线顶部设置于反向曲线转向点，竖曲线与缓和曲线重合，在同一平曲线（普集路处）内出现凸形及凹形竖曲线；高架同样侵入海关建筑控制范围，且高架桥立柱距保护建筑仅 3.8 m，该方案也须经海关及文物保护部门同意。

提出方案二的主要目的是避免桥梁边线侵入胶澳海关保护范围。依据文物保护相关规定：胶澳海关保护范围为建筑红线范围，而在红线外 10 m 为建筑控制线，方案二同样侵入建筑控制线内，与方案一区别不大。而且，采用分离式高架在景观效果、线形标准、交通功能、行车安全等多个方面存在弊端。

表3.16　整体式高架与分离式高架技术对比

项目	整体式方案	分离式方案
主线功能	交通功能好，行车顺畅	行车舒适性差
辅路功能	陵县支路以南双向六车道，路口处展宽利于车辆快速集散	陵县支路以南双向四车道，不满足交通需求；路口无法展宽，交通疏散不利
拆迁面积	总拆迁面积约$17.2 \times 10^4 \, m^2$	结构边线距友谊宾馆、和平宾馆3.3 m，噪音、尾气等污染严重，仍需拆迁。总拆迁面积约$17.2 \times 10^4 \, m^2$
对海关影响	高架边线距离海关主楼约8 m	高架边线距离海关主楼约12.7 m；同样侵入海关建筑控制范围
技术标准	线形条件好，符合快速路设计规程要求，行车安全	线形条件差，不满足快速路设计规程有关平纵结合方面要求，行车安全性差

综上所述，整体式高架在交通功能、技术标准等方面具有较大的优势，而分离式高架难以满足快速路通行和技术标准；同时，分离式高架同样侵入胶澳海关建筑控制范围。因此，推荐采用方案一：整体式高架方案。

2. 跨港湾中部铁路段

该段设计控制因素主要有：胶济客正线、联络线、特殊用地油库、铁路调度房、规划居住区。

根据铁路主管部门意见，结合专家评审意见和发改委批复文件，由于可以拆除一股铁路布设桥墩，新疆路高架桥跨铁路段设计施工难度大大降低，采用的结构措施及工艺均为常规做法，因此，该段总体设计不再作为控制性因素。

工程主线在铁路货场段沿规划安置区北侧布设，跨越港湾中部铁路段采用沿昌乐河右岸布设方案，之后主线分为两幅分别沿昌乐河两岸敷设，经昌乐河立交接入杭鞍快速路。

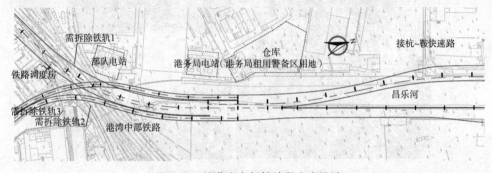

图3.61　跨港湾中部铁路段方案设计

该方案沿安置区北侧平行铁路联络线敷设，能够保障铁路规划居住区的建设；在跨港湾中部铁路位置，拆除部分铁路为桥墩布设提供空间，能够减少对昌乐河行洪的影响；沿昌乐河右岸布设可以避开部队电站、港务局电站、铁路调度房等需要保留的建筑。

（四）工程近远期结合

昌乐河西岸为港务局用地，现状为工业厂房和工作平台，拆迁征地困难，考虑到杭州支路匝道服务范围内规划情况和建设水平较低的现状，近期交通需求量较小，因此，昌乐河西岸杭州支路匝道近期暂不实施，但预留跳水台作为远期接口。近期首先实施新疆路高架主线、小港二路匝道、渤海路匝道、昌乐路匝道及昌乐河东岸杭州支路匝道；远期根据交通需求的增长，结合港务局相关厂房的拆迁，再实施昌乐河西岸杭州支路匝道。

图3.62　新冠高架路建成后现状图

第八节　深圳路与辽阳路立交工程

一、工程概况

　　该立交工程涉及的青银高速公路市区段、辽阳路是市区"三纵四横"快速路网东部"一纵"和中部"一横"，两者通过青钢互通立交衔接。深圳路与辽阳路节点位于两条快速路衔接点西侧，是市区骨架路网的重要组成部分，也是青银高速公路与市区路网联系的咽喉，现状为平面交叉口，距青银高速公路出口匝道约170 m，入口匝道约100 m。辽阳路主线车辆、青银高速公路进出车辆、深圳路车辆在路口交汇，通过信号控制分配通行权；现状交通流量大，车辆运行秩序混乱，交通拥堵严重，尤其是辽阳路方向，受信号控制以及与青银高速进出车辆的交织影响，早晚高峰时段交通拥堵严重。

图3.63　工程位置及区域道路情况

　　深圳路与辽阳路立交工程对改善节点交通现状，实现青银高速公路与辽阳路、深圳路的快速便捷衔接，构建层次分明、功能完善、运行高效的节点，方便居民出行，具有重要意义。

二、总体方案

（一）方案制约因素

1. 国际海缆

立交改造范围内，在深圳路以西沿辽阳路两侧人行道敷设有现状国际海缆，于联通公司前接入联通大厦。其中，辽阳路北侧海缆在节点改造范围内沿道路北侧人行道（或绿化带）一直向东敷设；辽阳路南侧海缆在节点改造范围内沿道路南侧人行道敷设，穿越深圳路路口后拐弯沿深圳路人行道敷设。如图3.64所示。

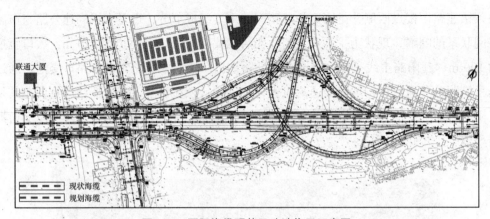

图3.64　国际海缆现状及改造位置示意图

该立交工程辽阳路段按规划红线实施，对现状海缆产生影响。该海缆联系中、美、韩等国家，施工期间不得切割，立交改造必须在不中断信号传输的情况下对海缆进行整体迁移。

2. 地铁车站

汽车东站为地铁M2线、M4线换乘站，设计采用"十"字换乘方案，其中二号线沿深圳路东侧绿化带敷设，四号线沿辽阳路路中敷设，车站位于立交下方，设计为三层形式，其出入口兼具人行过街通道功能，与辽阳路下穿地道共同构成地下四层立体交通体系。

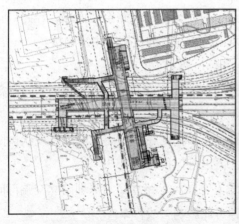 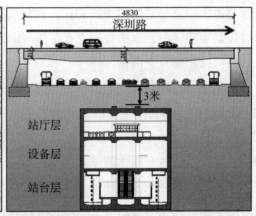

图3.65　地铁车站布置示意图　　　　下穿通道及地铁车站主体空间位置示意图

车站主体结构与立交下穿通道地面间距仅 1～3 m，为避免两工程施工期间相互扰动，保证施工安全，采用共用基坑明挖法施工。

3. 其他影响因素

立交周边其他影响因素主要有：汽车东站、规划地铁车辆段、规划红星美凯龙家居广场等。本次立交改造需尽可能避免用地冲突，以保证工程可实施性。

图3.66　节点周边其余影响因素布局示意图

（二）总体方案设计

该立交方案设计统筹考虑海尔路立交、青钢立交的衔接，以分流不同性质交通为原则，满足辽阳路直行、青银高速进出车辆快速通过，以及青银高速、深圳路、辽阳路车辆在节点处的转向需求。

节点设计为菱形立交。辽阳路结合现状"凸"型地形以浅埋地道下穿深圳路，深圳路保持地面道路，在路口设桥梁跨越辽阳路主线，两者通过辅路联系；改造青钢立交西侧进出匝道与辽阳路主线相接，同时增设一对匝道连接辅路至地面层，经路口信号灯控制实现转向，改造青钢立交东侧进出匝道与拓宽后的辽阳路主线相接。

1. 与海尔路立交衔接

深圳路与辽阳路立交起点西侧与海尔路—辽阳东路立交衔接，立交出、入口端部间距分别约为160 m和170 m，满足时速60 km/h情况下城市快速路设计规程的最小要求。海尔路立交于2005年建成通车，建设前运行状况良好，立交区域内有现状国际海缆，立交改造将对现状国际海缆产生影响，需进行保护。

交通拥堵西移现象，主要源于原交通组织方案在海尔路立交与深圳路立交端部间设置的"出—入型"进出口交织段长度较短，可能影响主线行车。

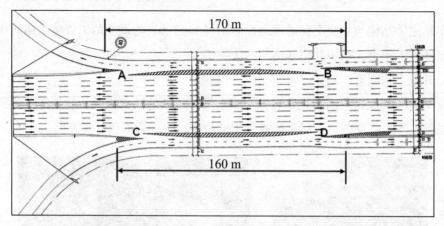

图3.67　原海尔路立交与深圳路立交间进出口设计

A入口：深圳路车辆通过该入口进入辽阳路向西行驶，是联系深圳路与辽阳路间的公共交通线路，同时规划快速公交自汽车东站通过深圳路地面路口→辽阳路辅路→A入口进入辽阳路。B出口：辽阳路东、青银高速出口车辆通过该出口进入海尔路北。若取消该出口，车辆需通过辽阳路辅路→深圳路地面路口进入海尔路北段，会增加路口交通压力。C出口：辽阳路西、海尔路北车辆通过该出口进入深圳路，是联系辽阳路与深圳路间的公共交通线路，同时辽阳路规划快速公交通过该出口进入汽车东站停靠。D入口：海尔路南段车辆通过该入口进入辽阳路及青银高速公路。若取消该入口，车辆需通过辽阳路辅路→深圳路平交路口直行进入青银高速公路，或绕行同安路→深圳路右转进入青银高速公路。

其中，A入口、C出口近期主要保障公交车通行，实现辽阳路西段与深圳路间的公共交通联系，远期为快速公交进出辽阳路主线的出入口，同时也是辽阳路（西）与深圳路联系的必经通道，设置非常必要。B出口主要服务于辽阳路（东）及青银高速出口至海尔路（北）的车辆，流量约 124 pcu/h，取消该出口，车辆可以通过辅路、或通过海尔路全苜蓿叶互通立交绕行。D入口主要服务于海尔路（南）右转至辽阳路（东）和青银高速公路的车辆，流量约 200 pcu/h，取消该入口，车辆可以通过辅路通行。根据交通需求分析，为降低交织干扰、避免影响主线通行，本次设计取消B出口、D入口，采用隔离设施进行封闭，提高主线通行效率。

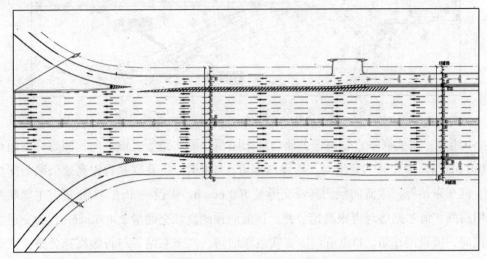

图3.68　调整后海尔路立交与深圳路立交端部间出入口设置示意图

另外，统筹考虑海尔路立交——深圳路立交——青银立交行车问题，优化交通设计，尤其是西向东方向，为减少直行和至青银高速车辆的交织干扰、提高通行效率，对海尔路立交地面标线进行调整，并利用现状海尔路立交东侧龙门架，设置单车道指路标志，明确车道功能，指导车辆提前选择合适的车道通行。

2. 与青钢立交的衔接

设计思路：保留现状立交桥梁部分，对匝道引道进行改造，减少废弃工程，同时有效提高道路通行能力。对立交东侧E、F匝道引道进行微调，保持单车道不变，与拓宽后的辽阳路主线衔接。改造立交西侧A、C匝道，保持现状两车道与辽阳路主线相接；新建B、D单车道匝道与辅路和深圳路相接。如图 3.69 所示。

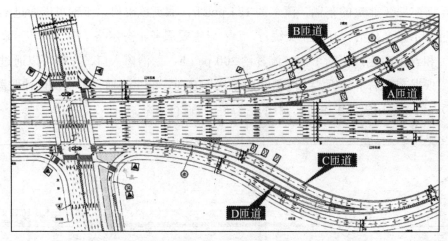

图3.69　深圳路立交与青钢立交之间出入口设置示意图

　　A匝道：主要联系青银高速公路与辽阳路西、海尔路等，该流向预测高峰交通量2 160 pcu/h，为交通主要流向，需设两车道。B匝道：主要联系青银高速公路与深圳路、汽车东站等，该流向预测高峰交通量700 pcu/h，需设一车道。C匝道：主要联系辽阳路西、海尔路等与青银高速公路，该流向预测高峰交通量2 400 pcu/h，为交通主要流向，需设两车道。D匝道：主要联系深圳路、汽车东站等与青银高速公路，该流向预测高峰交通量800 pcu/h，需设一车道。

　　3. 辅路Z线位设计

　　辅路Z为辽阳路东向西与深圳路联系的辅路，在E匝道西侧约160 m处自主线分离，分别下穿A匝道、B匝道后接入深圳路路口，经过方案优化Z辅路设计最大纵坡调整为6%，满足规范规定的40 km/h最大纵坡一般值。

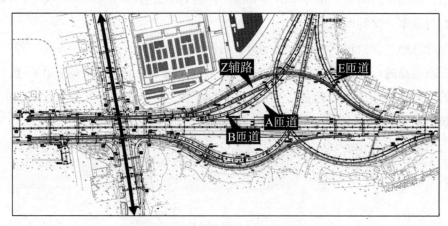

图3.70　辅路Z线位平面示意图

4. 空间利用及交通组织优化

在该方案设计中，辅路渠化空间的优化主要有：向通道内悬挑、向外侧拓宽两种方案：① 向通道内悬挑方案：利用辅路和主线间高差，在深圳路两侧保证主线通行净空前提下，通过结构设计将辅路车行道向通道悬挑拓宽，增设专用左转车道。左转道长度受主辅路高差影响，西进口左转道长约 50 m，但该方案有利于保障外部人行道和绿化带空间。② 向外侧拓宽方案：将车行道向外侧拓宽，增设专用左转车道。车道长度可根据实际交通需求设置，但需压缩人行道和绿化带空间。

两种方案断面布置如图 3.71 所示，综合比较道路空间利用效率、行人通行空间等因素，推荐采用向通道内悬挑的空间利用优化方案，以保证人行道和绿化带宽度。

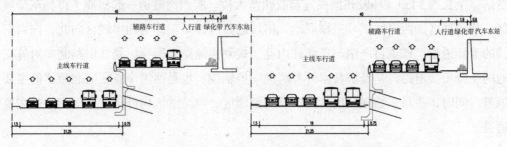

图3.71 向通道内悬挑、向外侧拓宽断面方案示意图

辅路西进口、东进口向内侧悬挑长 90~110 m、宽约 3 m，考虑景观效果，建议在东、西出口对称设置悬挑结构；在出口车道数满足需求的情况下，可以利用悬挑空间进行绿化，提升景观效果。优化后的交叉口渠化设计情况如图 3.72 所示。

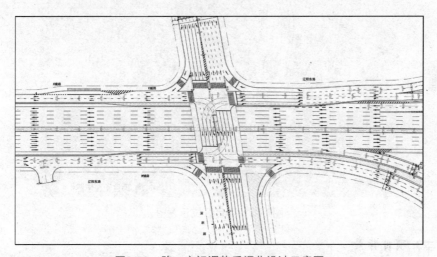

图3.72 路口空间调整后渠化设计示意图

第九节 胶州湾高速出口道路改造工程

一、工程概况

（一）工程基本区位

该项目位于环胶州湾高速公路南部末端，南起原管家楼收费站，北至现状黄岛收费站，全长约3 km。环胶州湾高速与胶州湾大桥、胶州湾隧道一起组成了青岛东岸城区、北岸城区、西岸城区"三城联动"衔接的路网体系。作为西岸城区向北、向西衔接的重要通道，该项目向南与现状江山路（规划快速路）衔接，是江山路北向对外交通的主要衔接道路，是经济技术开发区的发展轴线，也是西海岸新区向北疏解的主要通道。同时，项目东临现状前湾港区及物流园区，也是港区向外辐射货运交通的主要通道。

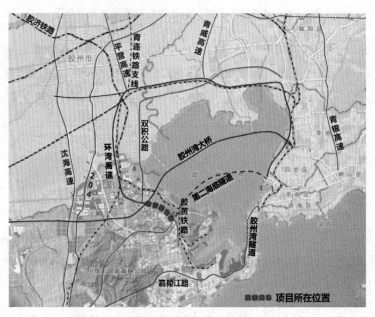

图3.73　项目区位示意图

（二）项目背景

环胶州湾高速公路是国家交通部规划的国道公路主干线——同江至三亚的重要组成部分，是国家"八五"重点建设项目之一。该工程于1991年12月15日开工建设，

1995年12月28日竣工通车。工程东起青岛港八号码头，环绕胶州湾，途径四方区（现市北区）、李沧区、城阳区、胶州等市区，止于黄岛经济技术开发区。道路按全封闭、全立交的一级汽车专用公路标准建设，全长约68 km，路基宽23 m，双向四车道，控制出入，实行收费。设计时速为100 km/h，设计通行能力为 $2 \times 10^4 \sim 3 \times 10^4$ pcu/d。全线原设9个出入口，设有齐全的交通管理设施和通讯服务设施。全线桥梁结构物较多，共建有互通式立交桥7座，大、中桥22座，特大桥2座，其中女姑口跨海大桥全长3 060 m。道路可与济青高速公路、烟青一级公路、同三高速、青兰高速等高速公路连接，形成了青岛向外较为完善的辐射公路网络。在胶州湾隧道与胶州湾大桥通车之前，作为青岛与黄岛之间唯一的陆域联系方式，环胶州湾高速公路明显改善了青岛与黄岛经济技术开发区的交通条件，带动了沿线区域经济发展，还大大提高了青岛港、前湾港的集疏能力，对加强青岛市与鲁西南地区和苏、沪、皖等省市的经济联系具有重要意义。

2008年，随着"环湾保护、拥湾发展"的城市发展战略的推进，为实现环湾区域及东岸城区的快速、有序发展，亟须建立一个综合的、高效率的和四通八达的城市交通体系，加快环湾区域道路交通骨架的建设，将大大促进环湾区域的发展。作为"环湾保护、拥湾发展"战略的先行项目以及战略顺利实施的支撑和保证，在环胶州湾高速（市区段）拓宽改造工程提出后，受到市委市政府的高度重视。拓宽改造工程南起杭鞍快速路，沿现状胶州湾高速公路向北，先后与瑞昌路、大沙路、海湾大桥、太原路、沧海路、汾阳路、双流高架等主要道路相交，全长约15.6 km。改造完成后，原海泊河、瑞昌路、太原路及双埠四处收费站需取消或进行改造，收费站设置于海湾大桥及双埠立交西。设计道路中央分隔带由原2 m拓宽至3.5 m，道路两侧各拓宽8.5 m，设置车行道及人行道，拓宽后道路红线总宽为41.5 m，双向八车道，并结合两侧规划设置3处过街天桥。全线共设立交7座，近期实施了瑞昌路、滨海路、双埠3座立交，配合青岛北站的建设翻建了太原路立交，远期实施大沙路、沧海路、汾阳路3座立交；按照规划统一敷设市政管网。该工程于2008年12月27日开工建设，2010年10月1日，实现主线竣工通车。环胶州湾高速公路（市区段）拓宽改造工程的实施，作为青岛"三纵四横"道路网的重要组成部分，不仅提高了交通和物流的对外疏解能力，同时提升了城市景观品质，加快了市区扩容提质步伐，提高了市区集聚效应，促进了环胶州湾区域经济发展。

随着青岛市港区战略全面向西海岸转移、前湾港区吞吐量的提升和快速发展，疏港交通压力倍增，矛盾日益突出。特别是2011年7月胶州湾大桥通车以来，原管家楼收费站日均交通量达2.3万余车次，高峰日车流量达3.1万余车次，远超1.5万车次的设计通行能力，其中货车交通量占60%，个别时段比例更高。加之原收费广场纵深较深，与淮河路距离较近，收费广场经常出现车辆积压现象，尤其上下班或轮渡停航的高峰时段拥堵更为明显，进而影响到整个区域交通的正常运行。

为解决这一问题，有关部门甚至制定了《收费站畅通保障应急预案及复式收费管理规定》，在高峰期增开复式车道，安排疏导员疏导车辆；在原管家楼收费站以北长约1 km范围增设一条出口车道，专供客车通行，将客车引导至复式车道进行复式收费，增加管家楼收费广场的面积，但是堵车现象依然时常发生。根据统计显示，胶州湾大桥开通之后，从管家楼下的车辆增加了15%以上，而收费窗口却没有增加，这就让原来的堵车更加严重。为解决此问题，2012年4月，青岛市交通运输委组织实施了管家楼收费站迁移工程，该地区原有的一点进出变成两路并进。该工程将原管家楼收费站拆除，沿1号疏港高速向西北移约3 km至管家洼村位置，新建黄岛收费站；沿2号疏港高速向西移约5.5 km至冷家沟村位置，新建黄岛西收费站。新建成的黄岛和黄岛西收费站将成为黄岛区北向交通的关键疏通点，有效增加了疏港车辆蓄车、等待的空间，有效降低了车辆的密集程度。

图3.74　管家楼收费站北移示意图

图3.75　管家楼收费站与新黄岛站

（三）项目建设的必要性

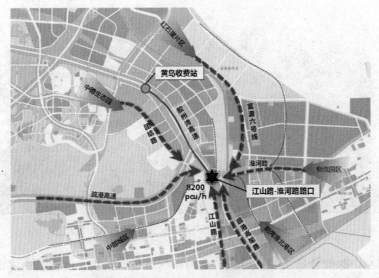

图3.76　项目区域交通集聚示意图

通过现场调查发现，收费站的北迁，虽然有效地增加了胶州湾高速公路、疏港高速车辆的蓄车、等待的空间，降低了车辆的密集程度，但并没有改变区域内的车辆行驶路径——即前湾港北港区、物流园区、红石崖片区、中德生态园及中部城区的北向对外出行交通仍然需要汇集至江山路与淮河路节点后北上胶州湾高速。江山路—淮河路节点及胶州湾高速末端仍承受较大的交通压力。根据现状交通调查，江山路—淮河路节点高峰小时交通量为9 831 pcu/h，交叉口服务水平为E级，高峰时段拥堵严重。

此外，2010年7月，中国商务部与德国经济和技术部签署了《关于共同支持建立中德生态园的谅解备忘录》，确定在青岛经济技术开发区建立中德生态园。中德生态园位于胶州湾西岸，青岛经济技术开发区北部，北侧近邻环湾高速。已通车的胶州湾跨海大桥作为直接通往中德生态园的高速公路从园区穿过，距流亭国际机场、青岛北客站约40分钟车程，区位条件优越。2012年，园区建设及项目引进工作已全面启动；到2015年年底，入驻企业基本形成规模，城市功能基本完善，园区产业发展格局和建设布局基本形成。但到目前为止，园区外围条件看似优越，但受西侧珠宋路立交尚未开展前期研究工作，区域进出仍依赖于胶州湾高速公路，且绕行距离较远，给区域建设及经济发展带来一定的阻碍。

图3.77　江山路与淮河路交叉口交通运行现状（俯瞰）

根据规划，胶州湾高速出口道路是江山路快速路的延续，通过工程改造使其与城市路网融为一体，才能够避免交通过度集中，降低车辆绕行距离，更好地支撑区域发展。因此，该段道路需确保疏港交通的连续、有序，这是工程改造的前提；在此基础上，增加联络通道、加强区域联系、均衡路网流量是工程改造的目标。

（四）工程研究范围

经过相关组织单位的协调，青岛市交通运输委已原则上同意将胶州湾高速公路黄岛收费站至原管家楼收费站间3 km路段（前湾港1号疏港高速公路）划为城市道路，由西海岸新区进行管养。目前，该路段仅能通过南端江山路—淮河路路口衔接两侧区域，无法较好地发挥城市道路的基本功能，需要增加该路段与中德生态园、富源工业园等周边道路交通的衔接，方便车辆由周边团结路、富源六号路等市政道路快速通过该路段。

针对此，本项目的研究范围为中德生态园、富源工业园道路系统及道路东侧疏港道路系统。重点研究范围：北至现状黄岛收费站，南至淮河路，东至富源六号线，西至富源五号线，总面积约6 km²。

项目工程范围南起原管家楼收费站，北至现状黄岛收费站，全长约3 km，沿线与规划富源一号线、富源十二号线、富源八号线相交。

（五）建设内容

在现场调查的基础上，结合《西海岸经济新区综合交通规划（2014～2030）》《西海岸经济新区综合交通规划疏港交通研究专题》中相关规划内容，明确胶州湾高速交通功能。在确保疏港交通连续、有序的基础上，增加区域联络通道、加强区域联系，均衡路网流量。

据此，总体设计主要从胶州湾高速主线改造及增设与胶州湾联系匝道两方面进行。

（1）胶州湾高速主线改造的主要目的是提升路段通行能力。胶州湾高速出口道路是江山路快速路的延续，通过改造工程，应使其与城市路网融为一体，避免交通过度集中，降低车辆绕行距离，以更好地支撑区域发展。本次研究主要针对其功能，通过方案比选，得到最合适的主线拓宽方案。

（2）加强周边区域与胶州湾高速出口道路的联系，通过增设匝道，加强胶州湾高速与区域之间的联系；通过匝道设置方案比选，确定与胶州湾高速直接联系的地面道路。同时，根据疏港交通疏解方向，明确疏港区域交通组织。

（3）疏港高速与胶州湾高速现状通过定向匝道相连，远期，随着疏港高速市政化改造的进行，需要增强疏港高速与区域周边之间的联系，通过不同方案的比选，确定疏港高速的匝道增设方案。

二、区域现状及发展

（一）研究区域概况

1. 城市总体概况

（1）青岛西海岸新区。2012年1月10日，青岛市委召开的常委（扩大）会议中指出，青岛将重点在西海岸打造一个"新青岛"，使其成为青岛的新名片；12月，撤销黄岛区、县级市胶南市，设立新黄岛区。随着行政区划的调整，青岛港口西移和产业转移，西海岸呈现快速发展态势。2014年6月9日，国务院正式批复设立青岛西海岸新区，并明确要求新区"以海洋经济发展为主题"，并将其发展目标定位为"海洋科技自主创新领航区、深远海开发战略保障基地、军民融合创新示范区、海洋经济国际合作先导区、陆海统筹发展试验区"。

青岛西海岸新区位于胶州湾西岸，包括青岛市黄岛区全部行政区域，其中陆域面积约 2 096 km²，海域面积约 5 000 km²。青岛西海岸新区区位条件、科技人才、海洋资源、产业基础、政策环境等综合优势明显，具备推进陆海统筹、城乡一体、军民融合发展的独特条件。要以海洋经济发展为主题，服务于青岛建设区域性经济中心和国际化城市的发展定位，把建设青岛西海岸新区作为全面实施海洋战略、发展海洋经济的重要举措，为促进东部沿海地区经济率先转型发展、建设海洋强国发挥积极作用。

（2）青岛经济技术开发区。青岛经济技术开发区1984年10月经国务院批准，1985年3月动工兴建，规划面积20.02 km²。1992年，省、市决定将开发区与黄岛区体制合一，同年在区内兴建了国家级保税区和新技术产业开发试验区；1995年设立省级凤凰岛旅游度假区；2006年设立国家级青岛西海岸出口加工区；2008年设立青岛前湾保税港区。2013年，在原有基础上将青岛经济技术开发区总面积由274.1 km²调整为478 km²左右（含青岛前湾保税港区及其拓展区）；调整后辖长江路、黄岛、薛家岛、辛安、灵珠山、红石崖、灵山卫等7个街道和王台镇，以及隐珠街道部分区域，成为现代化新城区的典范。

2. 研究区域概况

该项目位于青岛西海岸新区青岛经济技术开发区范围内，向北衔接胶州湾高速公路、胶州湾大桥，向南衔接江山路；重点研究范围为胶州湾高速公路原管家楼收费站至黄岛收费站，同时结合该段道路所辐射影响区域进行详细调查及研究，以分析其对该段道路的功能需求及建设规模。

原管家楼收费站的北迁虽有效地增加了胶州湾高速公路、疏港高速车辆的蓄车、等待的空间，降低了车辆的密集程度，但由于该段道路仍为全封闭，两侧区域与该段道路"上不去、下不来"，并没有改变区域内的车辆汇集至江山路与淮河路节点后北上胶州湾高速的行驶路径，江山路—淮河路节点及胶州湾高速末端仍承受较大的交通压力。

图3.78　研究区域周边概况

（二）项目影响区域分析

1. 项目影响区域

项目影响区域主要从项目所处位置、项目周边路网衔接条件、项目周边大型组团情况等方面进行论述。

（1）项目所处位置。项目位于开发区中北部，工程范围为胶州湾高速公路原管家楼收费站至现状黄岛收费站。作为开发区重要的南北向交通集疏通道，胶州湾高速公路承担着前湾港区、物流园区、两侧厂企及村庄、开发区中部和北部向北的快速集散功能。其改造工程的实施，将整体提升开发区南北向客货集疏能力，同时也为港区疏港提供了便捷的通道。

（2）项目周边路网衔接条件。目前与胶州湾高速衔接较为密切的南北向道路有江山路、疏港高架路、富源六号线、黄张路和团结路等，东西向主要有疏港高速和淮河路等，上述道路主要是通过江山路—淮河路节点实现与胶州湾高速的联系。同时该节点也承担着城市道路与高速公路的衔接转换功能，一方面可通过该节点实现与胶州湾大桥联系，快速通达青岛东岸和北岸城区；另一方面也可通过该节点与青兰高速衔接，实现与胶州等北部城区的快速联系。

目前江山路—淮河路节点交通饱和度较高，车辆过于集中，向北双向四车道的通行条件也制约着南北向交通集疏，而随着江山路—淮河路立交的建设，胶州湾高速的改造也将进一步实现节点两侧道路通行能力的匹配，减轻周边道路主要衔接道路的通行压力。

（3）项目周边大型组团。项目周边大型组团主要有道路西侧村庄、东侧厂企及西北向中德生态园区。其中两侧村庄、厂企及物理园区目前主要依靠胶州湾高速实现南北向交通集疏。

正在建设中的中德生态园规划总用地面积为 $11.58\,km^2$，城市建设用地为 $10.80\,km^2$，规划人口约为 6 万。穿越园区的主要道路有青兰高速、胶州湾高速、昆仑山路等，在园区西侧设置一处出入口与青兰高速实现联系。园区内纵向主干路有珠宋路、红石崖三十五号线，横向主干路为团结路。从园区路网整体情况来看，园区内交通以客运为主，东西向出行仅能依靠团结路，团结路将承担园区大部分近距离出行需求。随着中德生态园的不断建设，团结路的通行压力将逐步提升，而与团结路衔接密切的胶州湾高速公路将在一定程度上分担其交通需求，其改造也将进一步为园区提供南北向交通快速集疏通道。

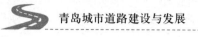
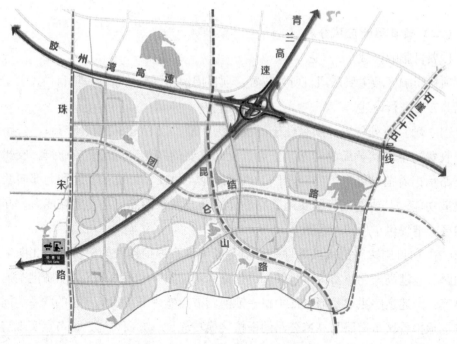

图3.79　中德生态园内部骨干路网图

从上述分析来看，胶州湾高速的改造将进一步提升区域路网的整体服务水平，同时也能为周边组团提供快速的交通集疏通道，其影响区域为淮河路至黄岛收费站段道路两侧厂企、物流园区、村庄以及中德生态园区等，影响区域示意图如图3.80所示。

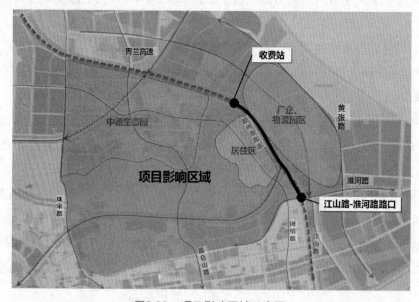

图3.80　项目影响区域示意图

（三）区域现状及规划

1. 区域用地规划

根据《青岛市城市总体规划》中用地规划，胶州湾高速东侧用地以工业用地为主，主要规划为物流园区，用地面积为 4.2 km²，西侧为中德生态园（11.58 km²）和居住区（2 km²），以商住用地为主，夹杂有部分工业用地。

从区域用地规划及胶州湾高速所处的位置可看出，远期中德生态园、物流园区等需通过胶州湾高速实现南北向的快速集散，而目前胶州湾高速的通行能力及上下匝道服务范围均难以支撑两侧用地的不断开发建设。

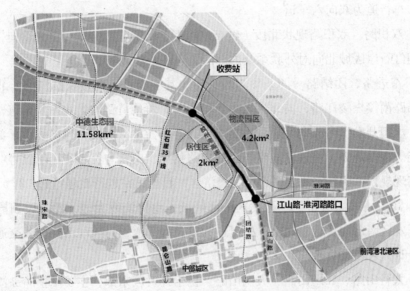

图3.81　胶州湾高速区域用地规划图

2. 道路网现状及规划

根据《西海岸综合交通规划（2012～2020）》中相关内容：开发区现状已经基本形成了快速路、主干路、次干路、支路组成的网格状道路系统。开发区现有道路长度约 805.17 km，其中，快速路、主干路、次干路、支路长度分别为 77.22 km、194.22 km、86.43 km 和 447.3 km；道路密度为 3.74 km/km²；道路等级结构比为0.36：0.9：0.4：2.08；现状道路面积率在 11%～12% 之间。

区域内部重要横向干道从南向北有滨海大道、长江路、香江路、嘉陵江路、齐长城路、前湾港路、黄河路、淮河路等。

（1）滨海大道、长江路、香江路、嘉陵江路。四条道路为客运专用通道，主要位于唐岛湾商务区，承担东西向客运联系，现状承担了大量的过境交通功能。车行道以双向六车道为主，道路横断面主要为一块板、三块板两种形式。

（2）齐长城路、前湾港路、黄河路、淮河路。齐长城路、前湾港路深入港区，承担了前湾港疏港功能，客货混行，车行道均为双向六车道。黄河路、淮河路穿越了物流园区，承担部分疏港功能，同时承担黄岛老城区与西部区域的客运联系功能，车行道以双向六车道为主。

区域内部重要纵向干道从西向东有昆仑山路、双积路、团结路、奋进路、江山路、太行山路、燕山路、黄张路。

（1）昆仑山路。昆仑山路位于原开发区西侧，为南北向道路，南接滨海大道，北至淮河路，西靠小珠山，承担区域内部南北向联系功能，客货混行，承担部分疏港交通功能，车行道为双向六车道。

（2）双积路。双积路现状北段（红石崖附近）已经建成，车行道为双向二～四车道，承担红石崖区域北向对外联系及内部南北向联系功能。

（3）奋进路、团结路。两条均为断头路，其中奋进路南接嘉陵江路，北接淮河路，团结路南接嘉陵江路，向北深入中德生态园。两条道路均为双向六车道，以三块板为主，承担开发区南北向交通联系功能，以客运为主，团结路目前承担了部分疏港交通功能。根据规划，奋进路向南与峨眉山路相接，向北与红石崖三十五号线相接，目前未实现规划；团结路规划联系中韩经济区，目前正在进行西延打通工程。

（4）江山路。江山路位于开发区中部区域，南接滨海大道，北连胶州湾高速公路，是开发区南北向货运主通道，车行道为双向六车道，目前江山路全线交通压力较大，高峰时拥堵现象明显。

（5）太行山路、井冈山路、大涧山路。位于开发区东部，主要承担唐岛湾商务区内部交通联系功能，向南与滨海大道衔接，向北与嘉陵江路衔接。其中，太行山路穿越保税区，南北向交通压力较大。太行山路、大涧山路均为双向六车道，井冈山路为双向四车道。

3.区域道路运行情况

根据《西海岸综合交通规划（2012～2020）》中进行的相关调查显示：开发区唐岛湾中心区以城市交通为主，主要道路交叉口平均饱和度在0.6左右；中部前湾港路、淮河路沿线交叉口由于疏港的原因，道路饱和度较高，平均饱和度在0.7以上。其中，江山路—淮河路、江山路—齐长城路达到0.8以上。可见，开发区的交通已经较为拥堵。

开发区道路交通量与道路的等级关系密切，快速路、主干道、次干道承担了开发区的主要交通量。其中，黄河路位于开发区中部地区，是开发区东西向交通联系的大动脉，12小时断面流量接近4.5万pcu；江山路和昆仑山路是开发区南北交通联系主要道路，12小时断面流量接近6.2万pcu。

4.区域现状路网评价

（1）受前湾港影响，现状开发区路网成C型结构布局形态，同时受保税区阻隔，区域缺乏南北向联系通道。

（2）港区缺乏南北向货运疏解通道，疏港交通混乱无序。

（3）城区内部缺乏快速路，交通运行的时效性得不到保障。

（4）现状路网仅仅为局部路网，尚不能支撑未来开发区整体交通需求。

5.道路网规划

随着城市空间布局调整，尤其是疏港交通的变化，近年来开发区骨架路网规划做了多轮调整。《青岛市综合交通规划（2008～2020）》和《黄岛区综合交通规划（2011～2020）》中均规划形成"三纵三横"快速路网体系，其中，江山路、齐长城路均规划为城市快速路。

根据最新交通规划，《西海岸综合交通规划（2012～2020年）》中相关内容，开发区规划形成"三纵四横"快速路网体系。

三纵：江山路—胶州湾高速公路、昆仑山路、疏港高架。规划保留现状疏港高架在江山路的落地点，将江山路、昆仑山路快速路向南延伸与其对接。

四横：前湾港东路、嘉陵江路、疏港高速公路、青兰高速公路。规划预留第二海底隧道，并将其与疏港高速公路对接。将疏港高速公路调整为城市快速路，并预留双向八车道的拓宽条件；该道路以客运功能为主。前湾港东路提升为城市快速路，承担西向快速对外联系功能，同时为CBD快速疏解通道。嘉陵江路主要承担组团内部横向快速联系，同时承担该组团与东岸城区的对外联系功能。

规划中，将胶州湾高速规划为城市快速路，并且强化了前湾港南北向疏港通道功能，弱化了东西向疏港通道的功能，进一步实现港城分离。

（四）工程范围内道路现状

工程范围内涉及的主要道路有胶州湾高速公路、江山路、疏港高速、淮河路、黄河路、团结路、富源六号线（茂山路）、黄张路、富源八号线、富源九号线、富源十号线等，以及胶州湾高速两侧联络通道富源一号线（七星河路）、富源十二号线等。

1.胶州湾高速公路

胶州湾高速公路出口道路北起胶州湾高速黄岛收费站，南至江山路与淮河路交叉口，全长约3.5 km，上跨富源一号线（七星河路）、富源十二号线等。

原设计标准按汽车专用一级公路平原微丘区技术标准设计，设计车速100 km/h，双向四车道，道路总宽23 m，单幅沥青路面宽10 m，其中含路缘带0.25 m，行车道

2×3.75 m，硬路肩2.25 m，中央分隔带宽1.5 m，两侧土路肩各宽0.75 m。现状胶州湾高速公路填方及挖方路段标准横断面如图3.83所示。

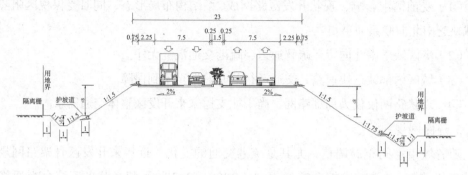

图3.82　现状环胶州湾高速公路填方路段标准横断面图

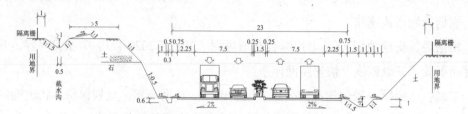

图3.83　现状环胶州湾高速公路挖方路段标准横断面图

图3.84　胶州湾高速公路现状照片

2. 江山路

江山路现状未实现规划城市快速路，现状道路等级为城市主干路，是开发区南北向重要的客运通道。设计时速为50 km/h。道路红线宽48 m，断面布置为三块板，路中为双向六车道，两侧设有隔离带，隔离带外侧为非机动车道，道路横断面具体布设为：4 m（人行道）+6 m（非机动车道）+2.5 m（侧向分隔带）+23 m（车行道）+2.5 m（侧向分隔带）+6 m（非机动车道）+4 m（人行道）=48 m（道路红线宽度）。

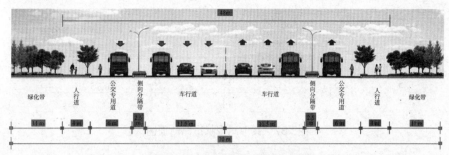

图3.85　江山路现状道路断面图

图3.86　江山路现状照片

3. 疏港高速

疏港高架一期双向四车道，红线宽度 22.5 m，北起胶州湾高速原管家楼收费站，南至前湾港路，长约 3.6 km，分别上跨淮河路和黄河路；疏港高架二期双向六车道，红线宽度 26 m，南接南港一号线到达南港区，长约 5.2 km。疏港高速是目前开发区南北向重要的快速客货运集疏通道。

4. 淮河路

淮河路西起昆仑山路，东至澎湖岛街，全长约 8 km，道路红线宽度为 31.5 m，断面布置为一块板，双向六车道，车行道宽度 23.5 m，两侧各 4 m 的人行道。现状为客货混行通道，承担部分客运交通的同时，也承担了部分疏港功能，现状高峰期间部分节点拥堵状况较为严重。

5. 黄河路

黄河路向西衔接规划珠宋路、疏港高速二号线，东至澎湖岛街，其功能以物流仓储、临港贸易、能源基地产生的交通服务为主，是开发区重要的客运通道，同时也是疏港通道的重要组成部分。黄河路断面布置为一块板断面，中间双向四车道为货运通道，两侧采用隔离墩进行隔离，外侧双向六车道作为小汽车及公交车道，道路红线宽度为 44 m，其中车行道宽度为 39 m，两侧设 2.5 m 人行道。

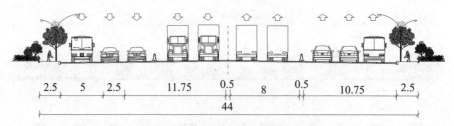

图3.87 黄河路现状道路断面图

图3.88 黄河路现状照片

6.团结路

团结路现状为三块板断面，南起嘉陵江路，向北深入中德生态园，道路红线宽度42 m，中间道路车行道宽度23 m，两侧设4 m非机动车道。现状客货混行，道路饱和度较高。

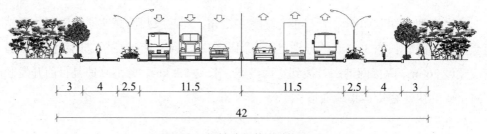

图3.89 团结路现状道路断面图

7.富源六号线（茂山路）

富源六号线南起淮河路，北至双积路，全长约7.5 km，道路断面布置为一块板断面，双向六车道，道路中间设置隔离墩。富源六号线与胶州湾高速位置相邻，属平行道路，除承担开发区中部南北向客运交通外，也承担部分疏港功能，现状货车较多，随着江山路—淮河路节点立交的开工建设，富源六号线通行压力日渐增加。

8.黄张路

黄张路位于开发区东北部区域，南起黄河路，向北接入204国道。黄张路现状布置为三块板断面，中间为双向六车道，两侧设侧分带，侧分带外设有非机动车道。由于高速收费，现状前湾港外部疏港交通大部分通过黄张路，目前车流量较大，且客货混行现象较为严重。

9. 富源八号线

富源八号线现状为城市支路,西端与团结路衔接,道路布置为一块板,双向两车道,目前作为胶州湾高速西侧龙凤村和可洛石村主要对外出行的道路。

10. 富源九号线

富源九号线现状为城市支路,道路布置为一块板,双向两车道,目前作为胶州湾高速东侧物流园区及厂企的主要对外出行道路。

11. 富源十号线

富源十号线现状为城市支路,东端与富源六号线衔接,道路布置为一块板,双向两车道,作为胶州湾高速东侧物流园区及厂企的主要对外出行道路。

12. 富源一号线

富源一号线现状为城市支路,西端与团结路衔接,东端与富源六号线衔接,并下穿胶州湾高速公路,道路布置为一块板,双向四车道,主要是作为胶州湾高速两侧村庄与物流园区的联络通道,同时承担部分疏港交通。

13. 富源十二号线

富源十二号线现状为城市支路,西端穿过可洛石村与团结路衔接,东端与富源六号线衔接,并下穿胶州湾高速公路,道路布置为一块板,双向四车道,道路两侧设有人行道,主要是作为胶州湾高速两侧村庄与物流园区的联络通道,同时承担部分疏港交通。

上述道路与胶州湾高速联系紧密,本次工程改造应充分考虑现有道路通行条件,做好与上述道路的衔接,从而缓解区域交通通行压力。各相交或影响道路情况如表3.17所示。

表3.17　胶州湾高速相关道路现状

序号	道路名称	道路等级	规模	车行道宽度
1	江山路	主干路	双向六车道	48 m(三块板)
2	疏港高速	快速路	双向四/六车道	23 m/26 m
3	淮河路	主干路	双向六车道	31.5 m(一块板)
4	黄河路	主干路	双向十车道	44 m(一块板)
5	团结路	主干路	双向六车道	42 m(三块板)

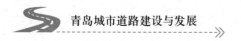
（续表）

序号	道路名称	道路等级	规模	车行道宽度
6	富源六号线	次干路	双向六车道	一块板
7	黄张路	主干路	双向六车道	一块板
8	富源八号线	支路	双向两车道	一块板
9	富源九号线	支路	双向两车道	一块板
10	富源十号线	支路	双向四车道	一块板
11	富源一号线	支路	双向四车道	一块板
12	富源十二号线	支路	双向四车道	一块板

（五）疏港交通现状及规划

1. 箱站布局现状情况

目前前湾港区域箱站布局为北港区在胶黄铁路以东所围合的区域内分布，面积约 20 km²，江山路与疏港高架一期之间存在部分物流企业；南港区主要分布在保税区和南港区与江山路之间的部分区域。具体如图 3.90 所示。

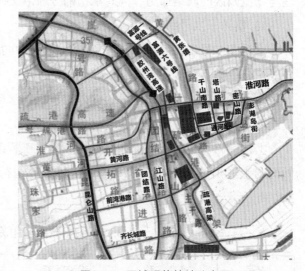

图3.90　区域现状箱站分布图

2. 现状货运疏解通道分析

现状港区与箱站的内部联系南北向主要是通过疏港高架、龙岗山路、千山南路、塔山路、澎湖岛街和富源六号线等，部分车辆通过团结路绕行；东西向主要是通过齐长城路、前湾港路、黄河路和淮河路等，再往北东西向的富源一号线也作为疏港通道。

现状港区对外联系主要是通过青兰高速、胶州湾高速、疏港高速、黄张路和昆仑山路。

目前疏港高架直接连接港口与外部箱源地，与箱站联系不便，且北向胶州湾高速公路通行能力有限，港区总体缺乏北向货运快速疏解通道。

龙岗山路作为港区内唯一的一条双向内部疏港通道，承担了大量的内部疏港交通，且现状与港区内铁路平交，受铁路运输影响，交叉口服务水平较低，交通拥堵现象严重。

千山南路现状路面较窄，南侧仅至黄河路，全线尚未打通，与港口无法直接联系。

澎湖岛街连接北港区东卡口与北部物流园区，现状道路宽度较窄，通行能力较低。

团结路作为城市主干路，远期将承担中德生态园对外出行的主要通道，但目前团结路客货混行现象严重，路面通行条件较差，交通拥堵现象严重。

3.区域疏港交通评价

（1）港区总体向北疏港能力不足，疏港通道对城市交通影响显著，南港区外疏港通道对城市的干扰尤为突出。

（2）内部有效疏港通道过少，受铁路、单向组织等因素的影响，仅相当11条车道。

（3）疏港交通均需要通过港区西大门东侧对外疏散，节点拥堵向外蔓延。

（4）淮河路东段、澎湖岛街、疏港高架、齐长城路等道路资源处于利用率不高的状况。

（5）受收费及通行能力的影响，向北疏港车辆首选黄张路，造成其疏港车辆密集，对城市交通干扰严重。

4.区域疏港交通规划

从《西海岸综合交通规划（2012～2020年）》中的规划思想看，未来前湾港主要承担集装箱专业运输，铁矿石和大宗干散货运输任务逐步转移到董家口港，同时对石化区进行用地调整，以石化企业搬迁为契机，实现区域整体转型，打造现代服务业相对集聚的黄金海岸，形成西海岸新区新的活力中心。

（1）外部疏港交通复合走廊控制规划。结合石化区用地功能调整，在胶州湾高速东侧构建500 m的专用货运走廊带，实现货运和城市空间的分离。

将现状胶黄铁路向西调整到距离胶州湾高速500 m左右，同时保留铁路线延伸至南港区的条件，作为集约通道东边界，有利于滨海区域用地完整和环境景观提升。

走廊带内规划一号疏港路和二号疏港路两条货运专用通道，其中一号疏港路南接疏港湾底主干路，二号疏港路南接疏港高架路；紧邻疏港高速增设三号疏港路，东接漠河路，满足集装箱运能扩容及西向联系需要。在一号及二号疏港路之间集中布局货运综合服务设施，为集装箱货运车辆的停车、维修等提供配套服务。

一号疏港路沿改线后的胶黄铁路西侧向北接省道397，二号疏港路沿胶州湾高速东侧接省道328，三号疏港路接入省道398，形成西向货运通道。将疏港高架与疏港高速公路对接，改造胶州湾高速公路—疏港高速立交。拓宽胶州湾高速公路、疏港高速公路，提高快速疏港功能。

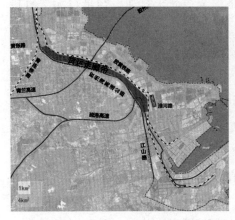

图3.91　规划货运走廊带位置示意图

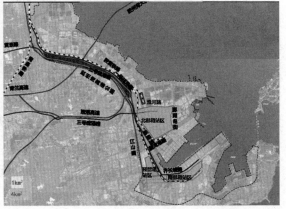

图3.92　规划箱站布局示意图

（2）内部疏港交通规划。研究区域箱站布局规划情况为：北港区在淮河路、铁路线、前湾港路、澎湖岛街围合范围内集中布局箱站用地，面积约5.4 km²；南港区可考虑利用湾底疏港主干路西侧用地（约1.0 km²），满足南港区箱站及货运综合服务用地需求，面积约2.6 km²。

结合内部疏港解决方案，规划前湾港形成"四纵五横"内外衔接通道，主要疏解对外疏港交通。同时，规划在前湾港区内部形成"四纵四横"港区内部通道，其中，北港区新建千山南路，解决内部疏港拥堵，缓解龙岗山路交通压力；南港区箱站港口紧密布置，实现多通道联系。

从疏港交通规划相关内容可以看出，远期货运通道主要布置于江

图3.93　前湾港区货运集疏运系统示意图

山路以东、黄河路以北区域，而北向为港区的主要货运集疏方向，主要依托于疏港高架和胶州湾高速等，因此应加快推进北向快速货运集疏通道的建设，进一步完善前湾港区货运集疏体系。

三、工程功能定位

根据《西海岸新区综合交通规划（2010～2020）》（征求意见稿）：开发区规划"三纵四横"快速路网体系。其中，"三纵"为胶州湾高速公路市区段—江山路、昆仑山路、疏港高架，规划保留现状疏港高架在江山路的落地点，将江山路、昆仑山路快速路向南延伸与前湾港东路对接。"四横"为前湾港东路、嘉陵江路、疏港高速公路、青兰高速公路。规划预留第二海底隧道，并将其与疏港高速公路对接。将疏港高速公路调整为城市快速路，并预留双向八车道的拓宽条件，该道路以客运功能为主。前湾港东路提升为城市快速路，承担西向快速对外联系功能，同时为CBD快速疏解通道。嘉陵江路主要承担组团内部横向快速联系，同时承担该组团与东岸城区的对外联系功能。

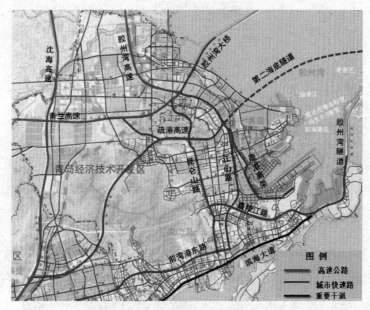

图3.94 开发区规划快速路网体系图

从疏港外围通道、城区南北快速疏解通道、中德生态园及周边物流园区区域联系的便捷性，及缓解区域车辆行驶路径过度集中等各因素综合分析：胶州湾高速出口道路向北可沿胶州湾高速公路联系环湾区域，向南可与嘉陵江路快速路联系，主要承担组团内部南北向快速联系功能，是胶州湾大桥、胶州湾高速公路进出开发区的快速通道。江山路为城市客运走廊，胶州湾高速公路承担对外联系及疏港功能。

四、交通分析及预测

（一）现状交通调查与分析

1. 疏港特征及问题分析

（1）港区集疏运道路运行分析分两个层面。

（2）内部疏港：是指场站和港口之间的集装箱运输。

（3）外部疏港：是将港口场站作为整体和外部箱源地之间的集装箱运输。

（4）港口与箱站，箱站与外部箱源地间的疏港比重较大，而港口与外部箱源地间的直接联系比重很小。

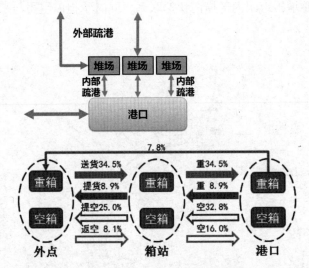

图3.95　前湾港区集疏运道路分析图及集疏运道路比例分析图

2. 疏港交通空间方向

外部疏港：主要依靠胶州湾高速公路、青兰高速、疏港高速及沈海高速等高速路网，另外依靠富源六号线（茂山路）、黄张路等国省干道路网，以北向、西向为主。

内部疏港：受港区地理位置及港区物流园区、胶黄铁路编组站位置等因素影响，内部疏港主要依靠疏港高架、龙岗山路、千山南路等道路，以北向交通为主。

3. 现状交通量调查

现状交通流量调查的范围为工程区域周边相关路网，主要包括胶州湾高速公路、富源六号线（茂山路）、黄张路、团结路、江山路、疏港高架、黄河路、淮河路、富源一号线、富源十二号线。

表3.18 东西向主要道路交通量（pcu/h）

路段名称	淮河路		黄河路		富源一号线		富源十二号线	
时段	早高峰	晚高峰	早高峰	晚高峰	早高峰	晚高峰	早高峰	晚高峰
方向 东向西	1 746	1 855	2 235	2 343	855	963	742	765
西向东	1 853	1 944	2 133	2 256	712	865	711	779

表3.19 南北向主要道路交通量（pcu/h）

路段名称	胶州湾高速		疏港高架		黄张路		团结路	
时段	早高峰	晚高峰	早高峰	晚高峰	早高峰	晚高峰	早高峰	晚高峰
方向 南向北	1 333	1 486	1 236	1 344	1 366	1 548	1 883	1 996
北向南	1 346	1 523	1 136	1 121	1 533	1 655	1 758	1 851

由上述现状交通调查列表可知，工程区域路网主要东西向道路中，受通河路尚未打通的影响，淮河路交通流量最大；而主要南北向道路中，团结路虽然作为城区的南北通道，但承担大量的港区货运交通，同时承担着目前中德生态园进出的主要功能，现状交通流量也较大。而疏港高架现状尚未饱和，主要原因是其直接沟通了港口和外部箱源点，不能与箱站联系造成的。因此，就产生了研究区域范围内南北向通道不够通畅，淮河路—江山路节点交通拥堵等现状交通问题。

4. 港区内道路现状负荷

现状疏港高架为双向四车道，高架道路交通条件好，但由于直接连接港口与高速公路外部箱源点，没有与港区内部的连接，因此疏港高架与内部疏港交通需求不匹配，车流量很小，仅承担了4.3%的内部疏港流量。

龙岗山路作为港区内唯一一条双向的内部疏港通道，承担了内部疏港交通量的40.4%，交通压力大，拥堵严重，高峰小时交通量约3 000 pcu/h。且龙岗山路与现状铁路平交，受铁路影响，通行能力下降。

团结路、淮河路等开发区城区的主干路，却承担了港区内部疏港交通中大部分的交通量，造成疏港交通、城市交通不分，客货交通混杂，通行安全性降低。

绕行的货车对城市交通干扰严重，造成局部节点拥堵严重，如江山路与淮河路交叉口，龙岗山路与淮河路交叉口，团结路与前湾港路交叉口，团结路与淮河路交叉口。

以江山路—淮河路路口为例，受胶州湾高速公路与两侧地块及周边道路联系不畅的影响，造成该交叉口交通有如下几个特点。

（1）车辆以大型货车为主，集装箱货车等重型拖车较多，约占总交通量的70%。

（2）淮河路东西货运及江山路南北客运双向交通量最大。

（3）路口左转交通量较大，尤其是江山路由北向东进入物流园区的左转车辆、淮河路由西向北进入胶州湾高速公路左转的车流量大。

（4）富源六号路与淮河路相交段未按照规划实施，现状交叉口与江山路—淮河路交叉口距离太近，只有170 m。部分车辆左转到富源六号路，影响车辆通行。

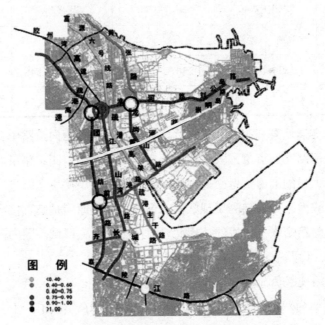

图3.96　项目影响区范围内道路服务水平

5. 交通组成及对项目的影响

根据现状调查，胶州湾高速和淮河路交通构成比例如表3.20所示。

表3.20　道路交通构成比例表

车型	胶州湾高速		淮河路	
	自然车	换算标准车	自然车	换算标准车
小型客车	26.65%	14.41%	22.67%	11.39%

（续表）

车型	胶州湾高速		淮河路	
	自然车	换算标准车	自然车	换算标准车
大型客车	8.68%	9.38%	5.66%	5.69%
小型货车	15.25%	12.37%	8.98%	6.77%
中型货车	17.07%	18.46%	18.84%	18.93%
大型货车	26.17%	35.37%	35.18%	44.17%
铰接车	6.18%	10.02%	8.67%	13.06%

注：交通量换算采用小客车为标准车型，换算系数采用小型客车1.0，大型客车2.0，小型货车1.5，中型货车2.0，大型货车2.5，铰接车3.0。

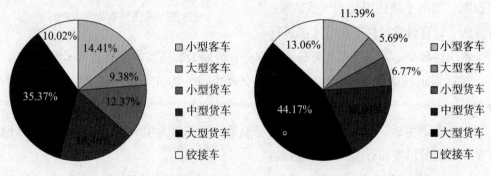

图3.97 胶州湾高速交通构成比例图　　　　　淮河路交通构成比例图

从表3.20和图3.97可以看出，两条道路承担的功能较为清晰，主要承担现状货运的集疏港需求。目前两条道路的货运通行比例较高，按照换算标准车计算，两条道路的货车通行比例均超过50%，其中大型货车比例在40%左右，而客车的比例在10%左右，以通勤交通为主。

由上述分析可知，目前两条道路客货混行现象较为严重，道路通行条件需进一步改善，通行能力需进一步提升。而两条道路的货车通行需求较高，在道路改造中需对横断面的宽度及布置情况进行深入研究，保障疏港交通的快速集散。

（二）交通预测年限及方法

预测是以《青岛港总体规划》《黄岛分区规划》中对于城市的发展定位和交通发展趋势为依据，参照《西海岸综合交通规划》（2012～2020）、《黄岛区城市综合交通规划》（2010～2020）中居民出行调查等相关数据和其他交通出行特征以及《黄岛区疏港交通专题报告》《青岛前湾保税港区总体规划》中对集疏运体系、港口发展的把握，利用TransCAD软件，建立交通规划模型，预测区域主要道路相应年份的交通流量，并对改造工程方案进行评价分析。

1. 预测范围及期限

为得到较为准确的预测结果，本次需求预测范围向外围拓展，北至胶州湾跨海大桥，西抵昆仑山路，东临前湾港，南达嘉陵江路，约110 km²。

预测期限与《西海岸综合交通规划》一致，为2020年。

2. 预测方法

交通需求预测需结合社会经济发展预测、城市土地使用规划、数理统计方法、计算机软硬件手段等才能进行。

图3.98　交通预测范围示意图

本次区域交通需求预测主要分为两部分，分别为客运需求预测及货运需求预测。

客运需求预测为常规四步骤法，分交通生成、方式划分、交通分布和交通量分配。

（1）交通生成。交通生成是计算每个交通小区的交通生成量，它包括从每个小区有多少交通量出发和有多少交通量到达。

（2）出行方式划分。出行方式划分主要是指人们选用何种交通工具作为出行手段，包括小汽车、轨道、公交车、自行车、步行等。

（3）交通分布。这是指每一个交通小区与其他各个小区之间的交通联系量。交通分布多采用重力模型。重力模型采用的阻抗是综合成本，即各个小区交通联系量的多少取决于小区间的距离、时间和费用。

（4）交通分配。将上述得到的各个交通小区的交通分布量分配到相应的道路网络上成为交通分配，交通分配采用平衡分配法，即交通量分配的结果必须满足每个出行路径花费的成本和整个道路网络车流的出行成本均达到最低。

货运需求预测则是通过对前湾港区的集疏运体系分析，研判规划年其道路交通集疏运的需求情况，再进行分配。

（三）交通预测内容及结论

1. 货运需求生成

2020年前湾港区吞吐量为2.6亿吨，其中集装箱为1 800万TEU，煤炭量为2 000

万吨，铁矿石为4 000万吨。其中港口吞吐量为：2020年前湾港区集装箱吞吐量1 800万TEU，北港区700万TEU，南港区1 100万TEU。

2. 集疏运体系划分

根据上述集疏运体系分析，规划年道路集疏运比例为80%，铁路为12%，航运为8%。

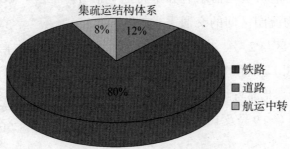

图3.99　集疏运结构体系划分图

3. 腹地需求方向

从货物流向上看，同时根据前湾港区集装箱车辆调查数据得出，前湾港区的货物流向主要分布在三个方向，其中北向（烟台、威海、潍坊等）占57%，西向（济南、泰安、莱芜等）占33%，西南向（包括胶南、日照、临沂等）占10%。从上节分析情况可知，前湾港区货运整体需求如图3.100所示。

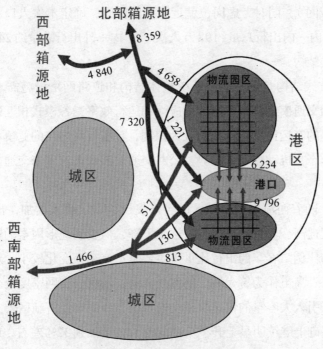

图3.100　前湾港区集装箱货物流向分布

4. 道路集疏运需求分布

将前湾港区道路集疏运货物流向分布分入模型中的各小区中，可以得到各小区及大区的货运需求期望线，如图3.101所示。

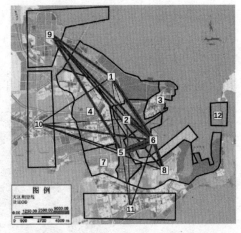

图3.101　前湾港区货运分布期望线

从图中可知，港口货运需求有如下特征：港口与南北物流园区间的交通需求较高，在图中6号大区与2号、3号（北物流园）、5号（保税园）、6号（南物流园）大区间交通需求较高；北部与西部的箱源地交通需求也相对较高（与9号及10号大区的沟通）。

5. 客运需求生成

根据综合交通规划确定的区域人口及岗位，并结合相关出行特征系数，可以基本确定研究范围内的交通产生及吸引情况。

据统计，规划范围内总人口约48万人，总岗位提供约56万个，根据综合交通规划确定的规划年开发区人口出行率为2.55次/日，总出行量约122万人次/日。

由于本次规划区域为整体开发区中的一部分，因此存在一定的对外出行比例（与开发区其他区域间），同时考虑岗位就近吸引的原则，确定本次人口对外出行比例为20%。因此本次内—内出行总量约98万人次/日，内—外出行总量约24万人次/日。

6. 交通方式结构

交通出行方式结构是影响交通系统整体结构和道路网络设施需求的关键因素之一。各种不同的交通模式具有不同的适应性和运行效率，各模式相互影响与制约，在交通系统中承担的客运比例不单纯受人为控制，具备自身内在的竞争和制约规律。城市尺度和结构形态、机动化发展趋势、公共交通发展政策对未来交通方式结构具有决定性的判断。

对比现状，随着西海岸经济新区的经济发展，居民收入增加，出行距离延长，出行机动化程度提高。非机动化出行将逐步下降，但受到地形因素的影响，步行方式将会保持一定的比例。客车的出行比重（主要是小汽车）变化较小，总体保持平稳。公共交通是未来青岛市作为特大城市的发展方向，随着公交网密度及公交服务水平提高，特别是未来引入大容量的快速轨道交通系统，西海岸经济新区公共交通的出行比重将在现状的基础上继续明显上升，从目前的14%增加到32%左右，成为西海岸经济新区未来的主要交通方式，公共交通优先地位得以巩固。相反，随着交通政策控制，交通管理加强，以及公共交通体系的完善，原来活跃在外围地区的摩托车交通将明显减弱，逐渐变为中短距离的补充交通工具，2020年其出行比重下降到9.5%。

表3.21　开发区2020年交通出行方式预测

方式结构	公共交通	小汽车	出租车	摩托车	自行车	步行	其他	合计
现状	19.5%	27.1%	4.5%	4.2%	5.6%	34.4%	4.7%	100.00%
2020年	35.0%	20.7%	4.8%	2.0%	8.2%	25.6%	3.7%	100.00%

结合交通方式结构及交通产生量，可以得到小客车交通生成吸引情况，如图3.102所示。

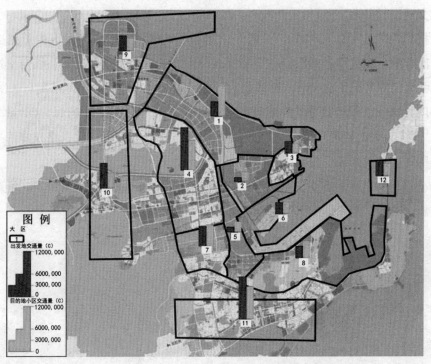

图3.102　小客车产生吸引图

7. 交通出行分布

交通出行分布预测是将各交通分区规划年的交通出行产生量转化成为各区之间的交通出行交换量的过程。本次预测采用双约束重力模型，考虑影响出行分布的区域社会经济增长因素和出行空间、时间阻碍因素，具体分布预测结果如图3.103所示。

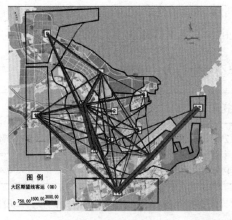 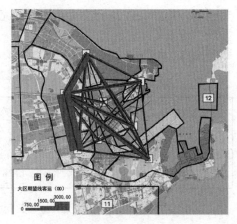

图3.103　大区客运期望线分布图（含外部大区）　　大区客运期望线分布（内部区域）

8. 交通出行分配

根据国内的实际应用情况，一般多采用非平衡模型，鉴于开发区的道路交通情况，本次分配预测采用容量限制—增量加载分配方法。该方法考虑了路权与交通负荷之间的关系，即考虑了交叉口、路段的通行能力限制，比较符合实际情况。

采用容量—增量加载分配模型分配交通量时，需先将OD表中的每一OD量分解成K部分，然后分K次用最短路分配模型分配OD量，并且每分配一次，路权修正一次。路权采用阻抗函数修正，直到把K个OD表全部分配到网络上。

基于道路网络规划方案，利用TrandsCAD结合以上交通需求预测结果，进行机动化交通出行分配，结果如图3.104所示。

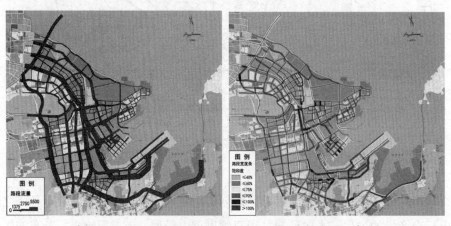

图3.104　路网交通流量分配图及路网交通饱和度分布图

通过以上分析可知：

（1）区域内道路交通以南北向交通流向为主，集中于昆仑山路、江山路、疏港高架路、胶州湾高速。

（2）东西向道路流量相对集中，其中以嘉陵江路、齐长城路、前湾港路（东段）、黄河路（东段）交通流量较大。

胶州湾高速出口道路衔接匝道设计车速为 40 km/h，单车道宽度均为 3.5 m，匝道车道宽度修正系数均取为 1。考虑到进出该段道路的均为经常使用该段道路的使用者，驾驶员条件修正系数也均取 1。根据上述规范要求及条件，单向单车道匝道设计通行能力为 1 700 pcu/h，单向双车道匝道设计通行能力为 3 179 pcu/h。

（四）建设规模分析

1. 主线车道规模

根据预测交通量，经通行能力计算，胶州湾高速出口道路主线路段设计通行能力和饱和度详见表 3.22 和表 3.23。饱和度系交通量与设计通行能力的比值，小于 1 即代表车道规模满足远期设计服务水平要求。

表3.22　胶州湾高速出口道路主线（2020年）饱和度列表

路段名称	方向	交通量（pcu/h）	双向六车道		双向八车道	
			设计通行能力	V/C	设计通行能力	V/C
胶州湾高速主线	南向北	2 845	4 095	0.69	5 119	0.56
	北向南	2 658	4 095	0.65	5 119	0.52

表3.23　胶州湾高速出口道路主线（2030年）饱和度列表

路段名称	方向	交通量（pcu/h）	双向六车道		双向八车道	
			设计通行能力	V/C	设计通行能力	V/C
胶州湾高速主线	南向北	3 864	4 095	0.94	5 119	0.75
	北向南	3 733	4 095	0.91	5 119	0.73

从上述列表中可见，胶州湾高速出口道路在远景年（2030年）时，双向六车道规模基本已达到饱和状态；而双向八车道规模基本达到三级服务水平。因此，推荐胶州湾高速出口道路拓宽规模为双向八车道规模标准。

2. 匝道车道数规模

本次胶州湾高速出口道路改造工程新建六条立交匝道，设计速度均为 40 km/h，单向单车道匝道设计通行能力为 1 700 pcu/h，单向双车道匝道设计通行能力为 3 179 pcu/h。各匝道的服务水平如表3.24所示。

表3.24　各匝道的服务水平

匝道名称	方向	交通量		一车道匝道			两车道匝道		
		2020 年	2030 年	设计通行能力	V/C		设计通行能力	V/C	
					2020 年	2030 年		2020 年	2030 年
A1 匝道	东向北	1 123	1 368	1 700	0.66	0.80	3 179	0.35	0.43
A2 匝道	北向西	2 134	2 825	1 700	1.26	1.66	3 179	0.67	0.89
B1 匝道	西向南	2 037	2 783	1 700	1.20	1.64	3 179	0.64	0.87
B2 匝道	南向东	2 215	2 878	1 700	1.30	1.69	3 179	0.70	0.90
C1 匝道	东向北	1 145	1 432	1 700	0.67	0.84	3 179	0.36	0.45
C2 匝道	南向东	1 214	1 468	1 700	0.71	0.86	3 179	0.38	0.46

从上述分析来看，A2、B1 和 B2 匝道为单车道时，近期及远景年饱和度将大于 1，而双车道匝道能够满足近期及远景年交通需求，因此上述三条匝道采用双向两车道建设规模；而 A1、C1 和 C2 匝道单车道和双车道均能满足需求，为降低工程投资，同时考虑到该路段大型货车较多，本次设计断面为单车道匝道+两侧紧急停车带，满足交通需求的同时保障交通安全。

五、总体方案设计

（一）现状条件分析

1. 现状道路条件

环胶州湾高速公路（青黄公路）原设计标准按汽车专用一级公路平原微丘区技术标准设计，计算行车速度100 km/h，设计为双向四车道，单幅沥青路面宽10 m，其中含路缘带 0.25 m，行车道 2×3.75 m，硬路肩 2.25 m，路缘带、行车道与硬路肩均采用相同的路面结构。中央分隔带宽 1.5 m，两侧土路肩各宽 0.75 m。标准路段车行道及硬路肩路拱采用直线路拱，横坡 2%，土路肩横坡 4%，坡向道路外侧，超高采用沿中央分隔带边线的过渡方式。路面排水采用集中排水与分散排水相结合的形式。填方路段：道路边坡高度 <8 m 范围内，坡率 1∶1.5；边坡高度 ≥8 m 时，坡率 1∶1.75。坡底设置 1 m 护坡道，雨水边沟深度 ≥0.5 m，宽 1 m，内侧坡度 1∶1.5，外侧坡度 1∶1，用地界线位于排水边沟外侧1 m的位置。

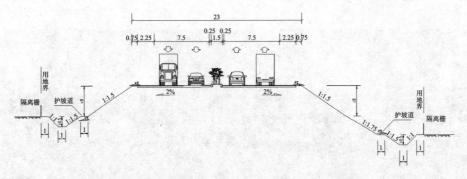

图3.105　现状环胶州湾高速公路填方路段标准横断面图

挖方路段：路堑挖方若为土质边坡，设置雨水边沟深度≥0.5 m，宽1 m，内侧坡度1:1.5，外侧坡度1:1，设置1 m护坡道后放坡，土质边坡坡率1:1；路堑挖方若为石质边坡，设置雨水边沟深度0.6 m，宽0.5 m，内侧垂直，外侧坡度1:0.5，设置1 m护坡道后放坡，石质边坡坡率1:0.5，坡顶5 m范围外设置截水沟，截水沟内侧坡度1:1，外侧坡度1:1.5，深度≥1 m，底宽0.5 m。

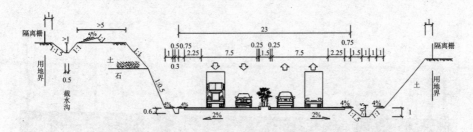

图3.106　现状环胶州湾高速公路挖方路段标准横断面图

2. 现状桥涵条件

1）下穿桥涵结构。

工程改造范围路段内共设置10处桥涵，其中5处通道、2处盖板涵、1处倒虹吸、1处中桥、1处小桥。

（1）1-16×3.3通道1处，即为胶州湾高速跨富源十二号线桥梁。现状富源十二号线在胶州湾高速以东道路车行道宽14 m，向东联系富源六号线（茂山路），向西穿越胶州湾高速后，道路车行道宽度缩减至9 m，现状线位向北调整后平行胶州湾高速敷设，向北到达富源一号线（七星河路）。

规划富源十二号线穿越胶州湾高速后，向西直接与富源五号线衔接，富源五号线平行胶州湾高速敷设。

图3.107　K1+328处1-16×3.3通道现状图

（2）中桥一处，即为胶州湾高速跨富源一号线（七星河路）桥梁。现状富源一号线（七星河路）15 m，向东联系富源六号线（茂山路），向西穿越胶州湾高速后，现状线位向西延伸至规划富源五号线处（胶州湾高速以西约220 m），规划向西打通至团结路。

图3.108　中桥现状图

2）上跨桥涵结构。

现状疏港高速（2号线）由西南向东北方向斜上跨胶州湾高速，上跨角度115°，上跨胶州湾高速桥梁跨径40 m，两侧墩柱距离现状高速公路边线较近。

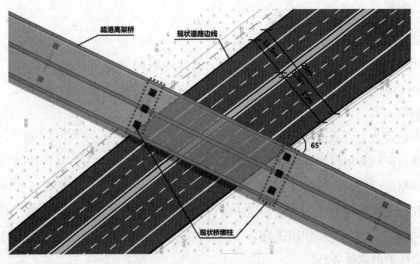

图3.109　上跨桥涵结构

3）改造后收费站。

为缓解该站交通压力，解决制约区域经济发展的交通瓶颈，青岛市交通运输委2012年4月正式实施管家楼收费站迁移工程，区域原有的一点进出变成两路并进。

改造后的黄岛和黄岛西收费站将成为黄岛区北向交通的关键疏通点。黄岛主线收费站收费广场十分宽敞，共83.5 m宽，设置了15个收费通道，其中5条入口车道、10条出口车道，内侧还专门设置了一对ETC车道。此外，还增设了8个复式收费亭，过往车辆到达收费站后，可以很快分流驶入不同的收费通道，通行速度明显加快。黄岛西收费站相对规模要小一些，收费广场宽67.3 m，有12个收费通道，包括4条入口车道、8条出口车道，还包括内侧一对ETC车道，增设复式收费亭6个。

图3.110　管家楼首站一分为二图

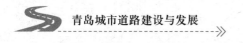

（二）总体设计思路及原则

1.总体设计思路

胶州湾高速公路出口道路改造项目应结合区域路网布局规划，遵循"统筹规划、兼顾长远、注重实效、指标合理、节约资源、绿色环保、科学组织、安全实施"的原则。

（1）统筹规划、兼顾长远。

本项目应结合港口集疏运体系规划及区域经济社会发展需求，从构建综合交通运输体系的角度出发，统筹考虑扩展路网覆盖面与扩大通道运输能力的关系，注重疏港交通与其他交通运输方式的衔接和需求，科学分析预测远期交通发展趋势，对该段道路在路网结构中的功能和作用进行总体研究，充分发挥各交通组成方式的优势及综合交通运输体系的整体效益。

本项目应结合区域路网布局规划，结合疏港综合交通运输体系发展需求、路线及通道资源集约利用等因素，开展区域路网通行能力、运能与运量适应性、改造工程实施对原路及区域交通的影响和施工风险等的论证分析，按照"统筹规划、兼顾长远"的原则，对"原路加宽扩建"或"路网加密扩容"等方案进行科学论证，科学确定道路的规模容量和改扩建方式。

本项目应结合原路状况等条件对利用原路加宽扩建方案和新建分离式线位等方案的工程规模、技术标准、建设条件、交通组织、交通安全、工程造价、环境保护与资源节约等技术经济指标进行全面分析，充分地比较论证，因地制宜地确定各路段的改扩建方案。条件允许的路段原则上应尽量采用原路加宽扩建方案，利用好原路资源。

在利用现状道路加宽扩建时，应对原路使用状况、扩宽改造的建设条件、现有设施和资源的可利用程度、拼接加宽结构的安全性以及改扩建实施后的运营安全等做出全面分析和评估，既要综合考虑与改扩建工程相关的各种因素，合理确定加宽形式，更要做好新老路的平纵线形拟合、不同加宽形式之间的线形衔接以及新老路基、路面、桥涵构造物拼接等设计工作。

项目的设计交通量应采用项目计划通车年起第20年的预测交通量。根据预测的设计交通量，结合项目建设条件和服务水平等要求，合理确定改扩建后的车道数。同时，对于拟改扩建的高速公路，以重要交通节点处分段，并对其功能和交通量的分布特点进行论证后，可分段采用不同的车道数。

（2）注重实效，指标合理。

本项目设计应在现状胶州高速公路对沿线社会、经济、城乡发展和交通格局所产生的影响进行充分研究的基础上，分析、研判改扩建路段远期交通量增长特征和趋势，科学预测其设计交通量。同时，在对现状高速公路进行运营安全性和结构安全性评价的基础上，因地制宜，合理确定相关技术指标。

项目的设计速度，应在参考现状高速公路设计速度和运行速度的基础上，综合考虑沿线地形地质条件、设计交通量、服务水平、工程规模和可扩建条件等因素，论证确定。同时，还可根据重要交通节点或地形地物明显变化情况分段论证后，采用不同的设计速度。

项目设计中应对拼接加宽路段的路基高度的设计洪水位进行核查。对于不满足设计要求的路段，应当对原路纵面线型进行调整，以达到设计洪水位要求；当原路纵面线形不能调整时，应采取其他措施进行处治，保证路基安全。

对于在原有桥梁基础上拼接加宽的桥梁，其净空应结合近远期规划确定，但不应小于原桥梁的净空要求。对于现状高速公路上的桥涵应当采用原设计荷载标准对其进行检测评估。并根据评估的结果，确定采取拆除重建、加固改造或直接利用等方案。对于拟采用拼接加宽方案的桥涵，应当采用现行荷载等级标准对加宽后的桥梁进行整体验算和评价。拼接加宽的原有桥涵部分，其极限承载能力宜满足或采取加固措施后满足现行标准要求，同时，在设计中还应提出有针对性的运营管理和维护措施。改扩建工程中的新建桥涵，以及原有桥涵拼接加宽或接长的新建部分，应当满足现行公路工程技术标准规定的荷载等级要求。对于新增匝道小于规定间距的路段，可结合采取增加集散车道和标志标线提前预告或结合路网改造将互通式立交合并设置等措施，以提高该路段的通行能力和运行安全性。对于改扩建工程中需要完善和改造的管理和服务设施，应根据路网结构和管理方式的变化情况进行总体设计，并与主体工程同步设计和建设。加强对原有高速公路使用情况的调查、分析，对原路存在的问题、缺陷及功能欠缺等问题进行评估，并在高速公路改扩建设计中加以解决。

（3）节约资源，绿色环保。

本项目中应坚持"节约资源、绿色环保"的原则，在满足工程使用功能、保证安全的前提下，要充分利用原路资源，避免浪费。应充分利用原路线位资源，做好新路与原路的拟合，在保证行车安全的前提下，在其平纵面指标的选用原则上应与原路相同。要提高土地节约集约利用程度，减少对土地的分割，尽可能少占耕地，合理设置弃土场，尽量复耕还田，提高复耕质量。要积极采用再生利用技术，尽可能地对原有沥青、水泥混凝土路面予以再生利用。对不能满足改扩建工程要求的原有沥青路面可用于低等级公路，以节约利用资源。

对于原有桥梁的梁板等构件不得野蛮拆除，尽可能减少不必要的损伤。对可利用的要对其承载能力进行检测评价。对于符合改扩建工程要求的要加以利用；对于不符合要求的，可用于荷载等级要求较低的低等级公路工程。对于拟拆除的交通安全设施构件，要认真进行安全性检测和评估。对于无明显损伤、锈蚀、尺寸及强度满足改扩建工程要求的，应直接予以利用或经简单维修后予以利用；对于不满足要求的，可在等级较低的公路予以使用，或通过再加工，用于改扩建工程施工期间的安保设施。应加强管理和服务设施设计的总体规划，对于新增和扩建的管理和服务设施，要在充分利用原有设施和土地资源的基础上进行，尽可能避免功能重复，提高土地利用率，以避免浪费。应对原有公路的绿化物尽可能加以利用，做到统筹规划、合理移栽、避免浪费。

（4）科学组织，安全实施。

本项目要进行完善的交通组织设计，最大限度地减少改扩建工程对区域路网造成的拥堵。工程实施期间，应进行切实可行的施工组织设计，制订详细的施工方案，特别是交通组织和分流方案，合理安排施工路段和时段，采取有效的安全保障措施，保证行车和施工安全。

对于项目所在区域路网中承担分流的公路，其维修、改造工程宜在高速公路改扩建项目主体工程开工前实施完成，其相关费用列入高速公路改扩建项目的投资中。工程交通组织设计和分流方案的制订，应按照"尽量减少对原路及区域路网交通干扰"的原则，在充分考虑路网交通条件以及改扩建技术方案对交通影响的基础上，制订行之有效的综合性交通保障方案。

2. 总体设计原则

（1）合理选择拓宽改建方案，减少对现有道路交通的影响。

（2）节约土地，减少拆迁量。

（3）利于项目的可持续发展。

（4）有利于优化交通组织，提高道路服务水平。

（5）有利于道路的维护和交通管理。

（6）充分利用现有工程，降低工程造价。

（三）工程设计方案

1. 拓宽形式的选择

1）可能的拓宽形式。

道路的扩容方式一般有在既有道路周边新建或加宽两种（也称之为扩容与扩建），这两种方式中又自派生出了不同的扩建形式，每种形式中还有不同的具体扩建方案。新建方案有：在沿既有道路一侧开辟新线；在既有道路两侧分离定点直通专线道。加宽方案有：两侧拼接加宽或单侧拼接加宽等。

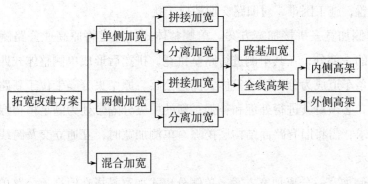

图3.111　道路拓宽改建方案示意图

2）两侧加宽方案。

该方案优点：基本保持原有公路的几何线形，路线中心线不调整；中央分隔带等设施可充分利用；新老路幅横断面能有效组合，路拱规则，路面排水简单；主线桥拼宽难度较小，施工也较方便。缺点：路基两侧的防护、排水沟、防撞护栏等设施须拆除重建；施工对公路上的交通影响较大（两侧干扰）；施工期间临时工程量相对较大，占地较多，施工便道、预制场须沿公路两侧布设；拆迁量相对较大。

总体而言，两侧加宽比单侧加宽的工程规模小，可利用的工程项目多，技术较成熟，较其他加宽方式更具优势。

（1）两侧加宽—拼接加宽方案。加宽部分的路基与原有公路的路基直接拼接，新老路基之间不设分隔带。

该方案优点：公路占地少，工程规模小，节省投资。缺点：新老路基之间的差异沉降难以控制，影响运营效果；施工期间对交通干扰大。

（2）两侧加宽—分离加宽方案。在新老路基之间设置分隔带或将新老路基拉开一定的距离，使平面与纵面同时分离，以便跨越全部的互通和主要被交道。

该方案优点：彻底消除了拼接和施工期间交通组织问题；坚持宜桥则桥、宜路则路的原则，减少桥梁长度。缺点：多了两条中分带和硬路肩路基较宽，占地较大，工程造价高。

3）单侧加宽方案。

该方案优点：充分利用地形拆迁量小；路基单侧的排水防护设施可继续保留使用；新、老路基差异沉降不显化；施工干扰较小，原路可继续维持交通；施工期间临时工程及占地较少；施工便道和预制场地可沿加宽侧布设即满足需要。缺点：平面线形须重新拟合；拆除原有中央分隔带，新建中央分隔带；路基加宽侧的防护等设施废弃；新老路幅横断面不能有效组合；上跨桥梁须拆除重建，造成工程浪费，原主线桥梁分两幅设置，施工困难，对旧路交通造成干扰。

（1）单侧加宽—拼接加宽方案。单侧整体式加宽是将原高速公路侧土路肩作为中央分隔带的一部分，在其单侧进行路基拼宽，拼宽后形成单侧整体式四车道高速公路，老路四条车道成为分离式或整体式高速公路。原中央分隔带位于新路面的第二、第三车道处，必须对其进行处理和补强；新的中央分隔带处为满足植树绿化、埋设通信设施等要求，需将旧有路面结构层挖除。单侧加宽时，互通立交及跨线桥的改动量较双侧加宽大。

（2）单侧加宽—分离加宽方案。单侧分离式加宽是指在原高速公路单侧新建一条单向四车道高速公路，新建道路与原路之间路基分离。

表3.25　平原微丘地区常见加宽方式比较表

序号	比较项目	方案一：两侧拼接加宽	方案二：两侧分离加宽	方案三：单侧拼接加宽	方案四：单侧分离加宽	比选结果
1	占地	拼接最紧凑，加宽16 m，占地最少	双侧无拼接或土路肩拼接，最小加宽2×13.25=26.5 m，最小占地在众多方案中最大	单侧土路肩拼接，最小加宽21.75 m，最小占地小于单侧分离式加宽	侧分离式加宽	方案一最优，方案二最差
2	保通	需要压缩车道，保通最困难	集散路段需要拼接，互通需改变行驶方式，保通较容易	互通路段需改变行驶方式，保通较易	互通路段需改变行驶方式，保通较易	方案一最差，方案三、四最优
3	路基、路面拼接	全路段需要进行路基路面拼接，施工复杂	集散路段需要路基路面拼接，施工较简单	互通路段需要一定的老路中分带处理，施工简单	互通路段需要一定的老路中分带处理，施工简单	方案一最差，方案三、四最优
4	结构物拼接	桥、涵、通道需两侧拼接，施工复杂，易发生病害	结构物一般不需拼接，施工简单、不易发生病害	互通路段可能对老结构物拼接，施工简单，不易发生病害	互通路段可能对老结构物拼接，施工简单，不易发生病害	方案一最差，方案二最优
5	差异沉降	路基段易产生差异沉降，桥梁段可能产生差异沉降。控制差异沉降需进行地基处理	仅在集散路段会出现差异沉降，地基处置少	差异沉降出现在中分带，基本无须处置	无差异沉降	方案一最差，方案四最优

（续表）

序号	比较项目	方案一：两侧拼接加宽	方案二：两侧分离加宽	方案三：单侧拼接加宽	方案四：单侧分离加宽	比选结果
6	使用性能	通行能力最强	通行能力最差	通行能力略低于双侧整体式拼宽	通行能力略低于双侧整体式拼宽	方案一最优，方案二最差
7	工程造价	最低	最高	较低	较高	方案一最优，方案二最差
8	比选结论	平原微丘区以占地、造价和使用性能为主时，最适应	平原区一般不适应，特殊条件下可采用	平原区只适应单侧受限制情况	一般不采用	

一般情况下，在平原微丘地区进行高速公路加宽应采用双侧整体式加宽，只有在特殊情况下采用双侧分离式或单侧整体式加宽两种方式。

4）新建高架桥。

这是分离加宽方案中的一种形式，其本质相当于平行新线。其最大缺点是高架新线与现有道路间的交通量难以平衡，投资规模增加明显；虽可大量减少土方数量，但由于两条高速公路间封闭地块的大量出现，土地资源的实际占用不但没有降低反而增加。该方案不具优势。

2.拓宽形式案例分析

如何选择改扩建方案，不仅要及时地掌握道路病害的发生程度和发展状态，还要正确选择适当的改建方案。影响扩建方式选择的主要因素有：路网总体规划和布局，交通的适应性，建设投资费用，综合运输体系，周边用地条件，环境状况、地质条件及路网的管线布局等。这不仅仅是一个技术问题，还需要从管理、投资、社会影响等各方面进行综合考虑，权衡利弊后做出最适合的决策。

沪宁高速公路根据交通需求特点、既有道路现状情况、工期的要求、施工的技术设备条件等，论证确定拓宽道路的断面形式及布置，最终选择了"两侧拼接为主、局部两侧分离"的扩建形式。除因为桥梁结构和建设条件限制采取了主线局部分离形式外，其余路段基本采用两侧拼接的扩建方式。

该方案优点如下：① 平面线位走向、纵断面面均以老路为基准，占用土地少，可充分利用既有道路两侧已征用的土地，减少投资。② 原来的双向四车道断面直接拼宽成双向八车道后，显著提高了断面的通行能力。③ 在整体式的道路上形式符合驾驶习惯，驾驶的视野很开阔，有利于缓解局部路段的交通瓶颈，不易产生整条高速公路无法运行的状况。

表3.26　2010年前国内已完成高速公路改扩建拓宽形式

项目名称	全长（km）	改扩建时间	加宽方式	原设计方案	扩建方案
广佛高速公路	6.9	1997.8～1999.10	两侧加宽	双向四车道	部分双向八车道，部分双向六车道
海南环岛东线	251	1997.1～2001.12	两侧加宽	非标准四车道	扩建左幅，双向四车道
沈大高速公路	348	2002.5～2004.9	两侧加宽	双向四车道	双向八车道
沪杭甬高速公路	248	2002.12～2007.12	两侧加宽	双向四车道	分段拓宽成双向八车道
沪宁高速公路	249.5	2003.5～2006.6	两侧加宽为主，局部分离为辅	双向四车道	双向八车道
沪陕高速公路叶信段	185	2003.6～2005.10	两侧加宽	双向四车道	双向八车道
南京绕城高速公路	29	2003.9～2005.7	两侧加宽	双向四车道	双向六车道
安徽合宁高速公路大陇段	43	2006.8～2009.9	两侧加宽为主，局部分离为辅	双向四车道	双向八车道

表3.27　2012年前国内正进行的高速公路改扩建拓宽形式

项目名称	全长（km）	改扩建时间	加宽方式	原设计方案	扩建方案
京港澳高速公路安新段	113	2008.4～2010.12（预）	两侧加宽	双向四车道	双向八车道
京港澳高速公路郑漯段	120	2008.6～2010.5（预）	两侧加宽	双向四车道	双向八车道
京港澳高速公路驻信段	137	2009.10～2012.9（预）	两侧加宽，部分单侧，部分新建	双向四车道	双向八车道

（续表）

项目名称	全长（km）	改扩建时间	加宽方式	原设计方案	扩建方案
京港澳高速公路漯河至驻马店段	96	2009.10～2011.9（预）	两侧加宽	双向四车道	双向八车道
连霍高速郑州至洛阳段	106	2008.11～2011.10（预）	两侧加宽	双向四车道	双向八车道
连霍高速公路西潼段	130.09	2008.11～2010.10（预）	两侧加宽	双向四车道	双向八车道
连霍高速郑州至商丘段	198	2009.10～2012.9（预）	两侧加宽	双向四车道	双向八车道
连霍高速洛阳至三门峡段	195	2009.6～2012.5（预）	单侧加宽为主，局部路段双侧拼宽	双向四车道	双向八车道
连霍高速公路西宝段	158	2009～2011（预）	两侧加宽	双向四车道	双向八车道，部分双向六车道
京津塘	157	2008.12～2009.12（预）	两侧加宽	双向四车道	双向八车道，部分六车道
佛开高速公路	47	2008.12～2011.2（预）	两侧加宽，局部两侧分离	双向四车道	双向八车道
安徽省界阜蚌高速公路	187	2009.8～2011.6（预）	两侧加宽	双向四车道	双向八车道
津滨高速公路	28.5	2009.10～2011.6（预）	两侧加宽	双向四车道	双向八车道
广清高速公路	58	2009.11～2011.6（预）	两侧加宽	双向四车道	双向八车道
福厦漳高速	270	2007.11～2010.12（预）	两侧加宽	双向四车道	双向八车道
京石高速公路河北段	221	2009.12～2012.12（预）	两侧加宽	双向四车道	双向八车道

3. 本工程拓宽形式选择制约因素

结合上述分析，制约本工程拓宽形式的主要因素为现状道路条件、构筑物及两侧环境条件。主要有：① 现状疏港高架在工程起点处落地，两条匝道分别位于道路的东西侧。② 黄岛立交现状为喇叭型互通立交，跨线桥墩柱布置影响胶州湾高速的拓宽形式。③ 富源一号线位置现状有一座中型桥梁，跨径布置为 5×16 m，桥梁的拼宽实施影响工程的实施难度及进度。④ 现状富源一号线以北路约 440 m 路段道路西侧分布为管家洼村，现状民居距离道路边线较近，影响拓宽形式的选择。

具体分析如下。

1）现状桥涵构筑物。

（1）疏港高架与江淮分离式立交工程。疏港高架一期和二期工程南北贯穿黄岛区港口、箱站及物流园区，可直接与前湾港联系，是黄岛区疏港道路系统主骨架中的重要组成部分，不但承担港口对外交通的功能，同时还承担与内部箱站、物流园区的交通联系，交通功能非常重要。

图3.112　工程地理位置图

目前疏港高架一期工程主线为双向四车道规模，疏港高架二期工程已基本完工，主线规模为双向六车道。从路网布局来看，二期快速连接了南港区和北港区，在前湾港路通过一对匝道与一期衔接，再由一期快速路向北与箱站、物流园区、外部交通系统等进行交通集散；远期将有大量的集疏运车辆由南港区和北港区进入疏港高架一期主线，疏港一期的拓宽显得尤为紧迫。

图3.113　现状疏港高架一期北端落地点现状

疏港一期北端分幅落地于现状道路两侧，道路红线宽度 50～55 m。

除此之外，江山路淮河路近期在建设条件允许、解决交叉口东西向及南北向直行车辆的主要交通矛盾的前提下实施江山路上跨淮河路分离式立交桥工程。该工程涉及江山路与淮河路交叉口整体改造，江山路改造范围起点位于淮河路以南710 m，终点位于淮河路以北460 m；淮河路改造范围东、西两侧长约900 m。

图3.114　江淮分离式立交近期实施效果图

分析结论：工程设计起点受疏港高架一期北段落地桥梁以及江山路淮河路分离式立交桥近期实施方案的限制，拓宽形式采取双侧拓宽最为合理。

（2）黄岛立交。黄岛立交为B型单喇叭立交，主线向西为疏港高速2号线，双向四车道。其向西上跨团结路、昆仑山路后设置黄岛西收费站，为全封闭高速公路，分布向北衔接青兰高速，向南衔接同三高速，对于前湾港区疏港意义重大。

疏港高速2号线标准断面宽28 m，设置3 m中央分隔带，路缘带每侧0.75 m，单侧设置3.75 m×2车行道，硬路肩3.5。

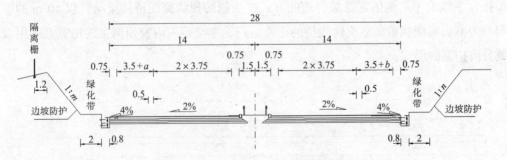

图3.115　疏港高速2号线标准横断面

黄岛立交匝道设计均为单车道匝道，标准断面宽8.5 m，车行道宽3.5 m，硬路肩2.5 m，土路肩宽0.75 m。其中，疏港2号线西左转胶州湾高速北、胶州湾高速南左转疏港高速2号线西两左转匝道跨胶州高速位置采取合幅设置，道路总宽度为15.5 m，上跨胶州湾高速段采用高架桥形式，上跨角度115°，跨径40 m，两侧墩柱距离现状高速公路边线较近。

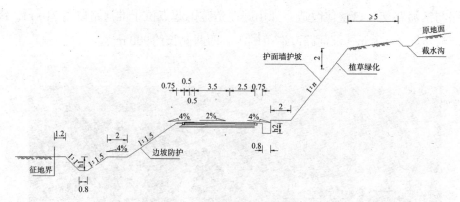

图3.116　单车道匝道标准横断面图

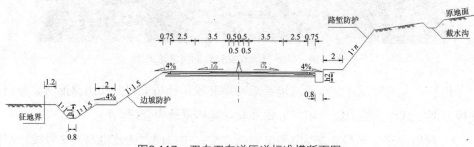

图3.117　双向双车道匝道标准横断面图

现状四条匝道除疏港2号线西右转胶州湾高速南的右转匝道与主线衔接采用平行式匝道外，其余三条匝道均采用直接式衔接方式。

分析结论：受现状黄岛立交四条衔接匝道布设的影响，为更好地与现状立交匝道衔接，主线采用双侧拓宽是最合理的方式；受制约现状跨线桥桥梁跨径仅40 m的影响，为不影响现状黄岛立交跨线桥的正常运行，立交范围内胶州湾主线拓宽宜采用双侧分离拓宽的形式。

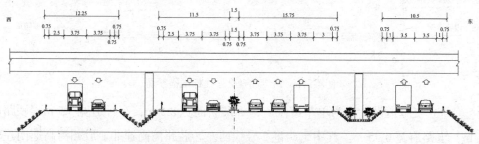

图3.118　黄岛立交跨线桥处主线拓宽断面图

（3）富源一号线中桥。富源一号线K2+475.88处现状桥梁为5孔16 m跨径的中桥，桥梁结构形式为简支结构，桥梁总宽度23 m。

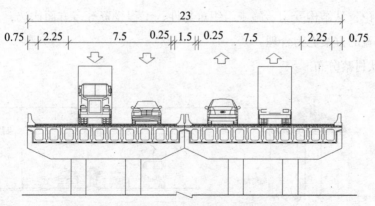

图3.119 富源一号线中桥现状横断面图

双侧拓宽方案：根据总体方案道路总宽度需拓宽至33 m，若采用单侧拓宽方案，每侧需单独建设5 m桥梁。其优点是桥梁横坡不会产生变化，但拼接后桥梁拼接缝位于最为车第三车道处，且为大型车辆行驶轨迹区域，对桥梁结构影响较大，另外需两侧施工，由于桥梁总长80 m，将会增加施工周期。

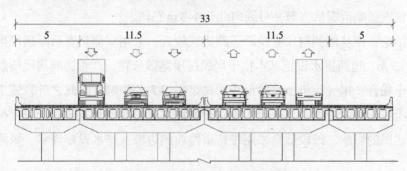

图3.120 桥梁双侧拓宽横断面图

单侧拓宽方案：若采用单侧拓宽方案，只需一侧需单独建设10 m桥梁。其优点是施工组织简单，施工周期短，但因中线变化，需对桥面重新进行铺装以调整桥面满足横坡要求。

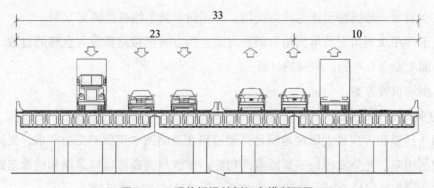

图3.121 现状桥梁单侧拓宽横断面图

分析结论：从结构受力、施工组织难易性、工程投资等多方面比选，对该段桥梁采用单侧拓宽的方案更为合理。

2）现状村落分布。

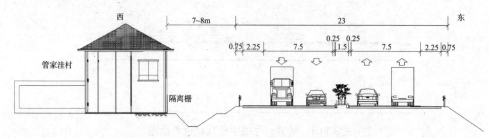

图3.122　管家洼村与现状高速公路平面位置关系图

现状高速公路道路西侧主要分布有管家楼村、可洛石村、龙凤村、管家洼村等村落，可洛石村与龙凤村距离道路约200 m，也在规划控制绿线范围之外，起点处的管家楼村与终点处西侧的管家洼村距离道路较近，其中管家洼村距道路边线水平距离仅7～8 m，该段影响范围从富源一号线向北约440 m路段。

分析结论：现状西侧村庄庭院距道路边线较近，采用双侧拓宽后距居民房屋最近距离为2～3 m，道路排水设施基本位于居民房屋基础位置，严重影响房屋质量；工程建成后行车噪音、尾气污染也将给沿线居民带来较大的影响；除此之外，施工期间可能会受到沿线居民的阻挠施工，给工程建设增加难度。因此为有效降低工程拓宽后对现状村庄居民的影响，该段适宜采用维持道路西侧边坡及排水设施现状、单侧向东拓宽的方案。

结合现状道路条件及沿线构筑物分布分析，本工程拓宽改造方案如下。

（1）工程改造起点至黄岛立交段、黄岛立交至富源一号线段桥：采用双侧拼接拓宽方案。

（2）黄岛立交段：受现状跨线桥桥墩影响采用双侧分离拓宽方案。

（3）富源一号线桥至施工终点路段：采用向东侧单侧拼接拓宽方案。

由于存在双侧拓宽及单侧拓宽两种方案，两方案衔接路段设置合理的过渡，实现道路平面上安全、平稳、顺畅的过渡。

4.匝道布置方案

1）匝道设置原则。

（1）匝道布置应最大限度地满足高架道路在道路网中担负的交通需求，提高主线道路的利用率，充分发挥每一条匝道的功能，使胶州湾高速出口道路和地面道路系统能切实达到集散区域交通、疏解对外交通、分流过境交通的目的。

（2）匝道的设置位置应符合交通现状和规划路网中的主要流向。

（3）匝道间距应合理，一方面要确保主线道路的畅通，减少因匝道出、入引起的交织、合流、分流区段的影响范围；另一方面应注意匝道间距不宜过大，致使匝道与地面道路衔接处的流量过于集中而阻塞交通。

（4）匝道布置应尽量避免在主要横向道路交叉口前衔接，注意邻近地区路网的交通组织作用，因地制宜设立辅助车道，疏解交通。

（5）在保证主线设计标准前提下。匝道布置形式（对称、错位、定向等）应因地制宜。尽量减少拆迁，充分利用现有路幅宽度，增加环境设施带宽度。

（6）根据实际情况及实施的可能性采选择匝道位置。

2）匝道设置影响因素分析。

（1）中德生态园。中德生态园规划总用地面积为 11.58 km^2，城市建设用地为 10.8 km^2，规划人口约为 6 万。从交通预测分析来看，远期区域内居民的交通出行量大约为每天 20 万人次；从交通流分布情况来看，区域东西向车流主要集中于团结路，区域中段的团结路交通负荷由于周边组团分担了交通量，比边界区域的负荷小。由于规划只设一个与高速公路的连接口（青兰高速），将会有非常多的转弯流量从昆仑山路转入团结路。交通预测结果显示，团结路东西向日交通流量约为 4 万 pcu，折合高峰小时交通量约为 5 000 pcu/h。

为了实现园区对外出行南北向的快速集疏，同时根据交通量预测结果，胶州湾高速西侧至少应具备双向四车道匝道与主线衔接。

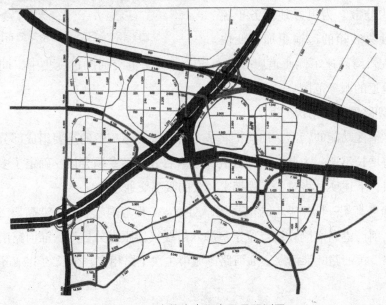

图3.123 中德生态园交通量预测图

（2）道路东侧厂区。胶州湾高速东侧区域有青岛大有运输有限公司、青岛太平货柜有限公司、易通建安公司等15处工业厂区，均为大中型厂企，根据初步调查分析，厂企目前日交通出行量约2.5×10^4 pcu，出行时间较为均衡。

从目前厂企车辆出行路径来看，南北向主要是通过富源六号线出行，东西向主要是通过富源一号线和富源十二号线实现高速公路两侧的连通，南北向为厂企车辆出行的主要方向。而目前富源六号线除承担厂企车辆出行外，也承担前湾港区的疏港交通，其通行压力日渐加强，交通拥堵现象日益严重。

为进一步改善厂企车辆出行条件，为区域提供南北向交通快速集疏通道，本次胶州湾高速改造工程应在道路东侧设置匝道与主线衔接。同时根据区域交通量分析，匝道规模宜为双向四车道。

（3）箱站布置情况。目前前湾港区箱站布局为北港区在以胶黄铁路以东所围合的区域内分布，面积约20 km²，根据《西海岸综合交通规划》预测成果，2020年前湾港区集装箱吞吐量为$1\,800 \times 10^4$ TEU。北港区700万TEU，南港区$1\,100 \times 10^4$ TEU。

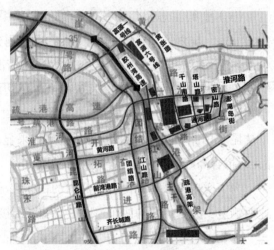

图3.124　区域现状箱站分布图

从箱站布局情况来看，主要分布于胶州湾高速东侧，且淮河路以北箱站布局较为分散。为更好地服务于疏港交通，使集装箱的运输更加方便快捷，本次胶州湾高速东侧匝道应分散布置，避免疏港交通的过度集中，同时能够进一步扩大匝道的服务范围。

3）近期路网完善情况。

随着老港区功能的转型，前湾港将成为青岛港货运疏解的重要组成部分，未来疏港交通量将增长迅速。为此，黄岛区人民政府召开疏港专题会议，确定了多项疏港道路建设项目，下述项目将对本工程带来较大的吸引交通量。

（1）疏港高架一期拓宽。疏港高架一期拓宽工程范围起点与疏港高架二期工程相衔接，位于前湾港路南侧；终点位于富源六号线接地匝道分界处，淮河路南侧；沿途与前湾港路、黄河路、淮河路、通河路等城市主次干路相交，全长约3.2 km。

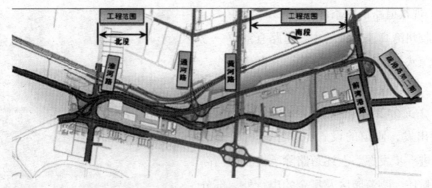

图3.125　疏港高架一期拓宽工程总体布置图

该方案设计为两侧拓宽方案，现状两幅桥外侧各拼宽5.75 m，拼宽后单幅桥17 m，单向四车道，两幅桥总宽34.5 m，双向八车道规模。

（2）通河路打通工程。通河路作为物流园区中部的一条东西向城市次干路，主要承担内部疏港功能，对物流园区的辐射能力强，服务功能强。

通河路西延段起点位于胶黄铁路以东、通河路匝道合流处，终点位于龙岗山路以东约200 m，顺接现状通河路，全长约0.7 km，道路等级为城市次干路，设计车速为40 km/h。与疏港高架衔接主要是利用现状排水渠空间将通河路西延，充分利用北侧现状涵洞，并于其北侧新设涵洞下穿胶黄铁路，立交形式为全定向互通立交。

图3.126　通河路立交节点方案示意图

（3）湾底主干路工程。湾底主干路为规划的地面道路，是疏港高架交通功能的地面补充。通河路以南段，湾底主干路位于疏港高架的西侧；通河路以北段，湾底主干路分为两幅路，分别位于疏港高架一期的两侧。通河路立交预留了两条匝道与湾底主干路衔接，湾底主干路通过匝道与通河路立交匝道连接后一并汇入疏港高架一期。

4）现状道路衔接条件。

与胶州湾高速衔接的主要道路有富源一号线、富源八号线、富源九号线、富源十号线、富源十二号线等。

（1）充分发挥主线交通功能。从主线交通功能出发，匝道的设置将使主线的交通功能得到进一步发挥。上述道路除承担胶州湾高速两侧村庄、物流园区及厂企的出行外，部分道路也承担着疏港功能，与胶州湾高速进行衔接将更好地发挥其功能，有效串联区域交通，使胶州湾高速能够更好地服务于两侧厂企及箱站，进一步提升其南北向交通快速集疏功能。

图3.127　湾底主干路匝道布置位置示意图

（2）明确匝道服务范围。根据相关规范，并参照国内相关设计案例，设计速度80 km/h的城市快速路一般匝道设置间距控制在1 km以内，这样的设置一方面能够明确每条匝道的服务范围，另一方面能够使得主线行车更加顺畅。而本次改造涉及路段全长约3 km，应在条件允许的条件下均衡布置匝道，设置数量宜为3~4对，同时需与现状黄岛立交匝道功能互补，这样能够使匝道更好地服务于区域交通，保障主线交通的畅通连续。

（3）具备良好实施条件。从道路两侧用地条件来看，除富源十号线两侧为厂企及物流园区外，其他道路两侧基本无用地条件限制，均具备良好的衔接条件。

5.匝道设置方案综合比选

1）方案一：结合现状可衔接通道，设置衔接匝道方案。

考虑到降低工程投资，从实施难度小、见效快的角度出发，结合现状富源一号线、富源十二号线现状通道条件，设置北向连接两对匝道，实现两侧区域向北与胶州湾高速的衔接。

该方案优点分析：

（1）匝道最大限度的利用现状通道条

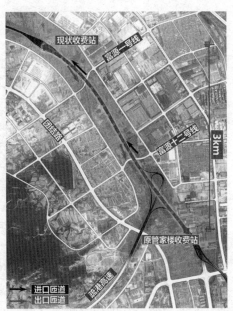

图3.128　结合现状可衔接通道，设置衔接匝道方案一

件，无须新建穿越胶州湾过路涵洞，工程仅需在现状基础上增加衔接匝道即可实现匝道功能。

（2）匝道的设置能够便捷的实现胶州湾高速公路北向交通与两侧地块的衔接。

该方案缺点分析：

（1）匝道的设置功能性局限性较大，仅实现了两侧地块向北与胶州湾高速的衔接，其余方向需求均未实现，如两侧地块通过主线向南衔接城区江山路、疏港高架以及向西衔接疏港高速2号线。

（2）最北侧衔接匝道，尤其是北向南下行匝道的实施需拆迁管家洼村大量的住宅，造成工程建设成本增加的同时，工程实施难度较大。

2）方案二：结合东侧已实施的富源十号线、西侧即将实施的富源八号线设置上下行匝道方案。

为加强该段胶州湾主线南北方向与两侧地块的衔接需求，降低交通绕行，缓解周边路网尤其是淮河路沿线的富源六号线、江山路、团结路等节点的交通压力，同时降低工程实施难度，结合东侧已实施的富源十号线、西侧即将实施的富源八号线设置上下行匝道方案。

该方案优点分析：

（1）匝道设置后，东西两侧地块均可通过富源十号线进口匝道实现向胶州湾高速北向的出行需求，同时胶州高速北向到达交通

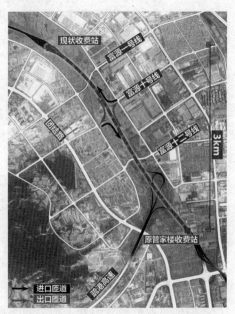

图3.129　结合现状可衔接通道，设置衔接匝道方案二

也可通过富源八号线出口匝道实现进入主线东西两侧地块的到达需求。

（2）相比方案一，该方案增强了胶州湾高速南向交通与两侧地块的交通衔接。南向到达交通可通过富源十号线出口匝道，实现进入主线东西两侧地块的到达需求；主线东西两侧出行交通可通过富源八号线进口匝道实现向南进入胶州湾主线的出行需求。

（3）匝道的设置同时兼具疏港高速西向交通与两侧地块的交通衔接需求。

（4）匝道的设置有效地避免了对西侧管家洼村居民房屋的拆迁，匝道本身实施范围内无重大拆迁，工程投资相对较低。

该方案缺点分析：

（1）匝道的设置虽然基本实现了主线东西两侧地块与胶州湾主线南北向交通出

行、到达交通需求的衔接，但部分转向交通，如胶州湾高速南向到达交通向主线西侧地块的衔接需求、主线西侧地块向北进入胶州湾高速北向的出行需求均需绕向部分富源七号线路段，交通绕行距离较长。除此之外，富源七号线该段道路尚未列入建设计划，且工程实施的过程中涉及大量的房屋拆迁，工程建设成本较高。

（2）匝道的设置能够实现主线地块与胶州湾高速主线南北及疏港高速东西的转向需求，但由于匝道的设置与物流园区集装箱站的布置未形成直接的衔接关系，造成货运车辆绕行距离远、所利用道路过渡集中等问题的存在，营运过程中会造成局部道路如富源一号线及其涵洞、富源五号线等道路交通压力大，造成现状拥堵点的转移，严重影响出行的效率。

3）方案三：设置匝道实现主线南北衔接需求，同时增加物流园区直接衔接匝道方案。

本方案在方案二的基础上考虑减少额外工程量及工程实施难度，降低车辆尤其是货运车辆的绕行距离，增加主线与物流园区直接衔接的进出口匝道。

该方案优点分析：

（1）主线东西两侧向北经胶州湾高速出行交通、胶州湾高速南向交通进入主线东西两侧地块的到达交通适当调整位置，围绕富源一号线现状道路设置，由此可避免交通绕行、增加富源七号线额外工程量的问题。

（2）设置主线与物流园区直接衔接匝道，即可兼顾疏港高架南向交通直接进入物

图3.130　结合现状可衔接通道，设置衔接匝道方案三

流园区的交通需求，又可实现物流园区通过进口匝道向北进入胶州湾高速、通过现状黄岛立交向西进入疏港高速的交通直接疏解，同时可避免货运车辆在物流园区内不必要的交通绕行。

该方案缺点分析：

（1）方案的实施需优化富源一号线节点的交通组织，实现主线西侧与胶州湾高速北向、胶州湾高速南向交通衔接的顺畅。

（2）主线与物流园区直接衔接的进出口匝道可满足物流园区与胶州湾高速南北及疏港高速的衔接需求，但与主线分离后的衔接路径需进行详细论证。

6. 主要节点方案

1）黄岛立交节点改造方案。

对于枢纽互通，基本利用原有工程，仅对匝道出入口作局部改造。对于大多数喇叭型互通，在现有标准条件下其通行能力满足远期交通量增长需求时，根据主线拓宽改造的需要，仅对匝道进行局部改造。

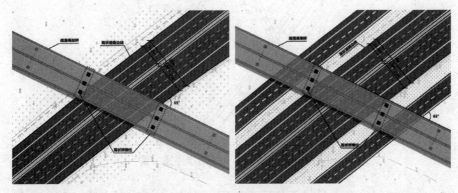

图3.131　利用桥梁墩柱设置分幅车道

在对立交范围内主线进行拓宽时，因现有疏港高速上跨桥梁的墩柱布置在现状道路两侧，且距离较近，因此以在桥梁墩柱外侧增加两车道辅助车道的形式进行拓宽。

上述两车道辅道在立交范围内作为集散车道使用，现状喇叭式互通立交环形匝道及西向北匝道接胶州湾高速主线处局部进行改造，改造后匝道接入拓宽后的两车道集散车道。

近期为加强胶州湾高速与东侧物流工业园区间的联系，在立交范围内胶州湾高速东侧增设一对上下匝道与拓宽后的集散车道相连并接入东侧规划路网（规划富源七号线、规划富源九号线），减少胶州湾高速南北两侧上下口对路网的交通压力并有效减少绕行距离。

2）主线与物流园区直接衔接的进出口匝道。

（1）方案一：富源七号线+富源九号线衔接匝道方案。为加强胶州湾高速东部区域于疏港高速的联系，在疏港高速南侧设置一对上下单车道匝道（C1匝道、C2匝道），C1匝道接规划富源七号线，C2匝道接入规划富源九号线，两条匝道均以局部拓宽的形式接入道路外侧。

该方案优点：C1匝道、C2匝道均为地面路匝道，无桥梁段，工程投资小。缺点：规划富源七号线现状无道路，且未列入实施计划，匝道的实施需先打通富源七号线，工程的打通涉及大量企业拆迁，工程实施难度较大。

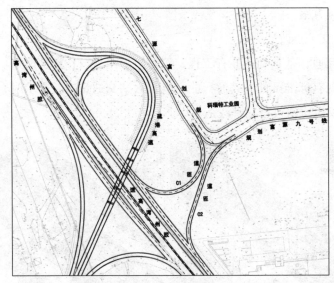

图3.132　富源七号线衔接匝道方案

（2）方案二：富源九号线衔接匝道方案。本方案中C1匝道与C2匝道从胶州湾高速集散车道分流后合并为一条主线以跨线桥形式接入规划富源九号线道路中央，为满足规划九号线桥梁两侧地面道路各一车道的通行需求，规划富源九号线需进行局部拓宽。

该方案优点：实现与物流园区及富源六号线货运疏解衔接；可结合富源九号线同步施工。缺点：与规划输油管线不满足规范要求。

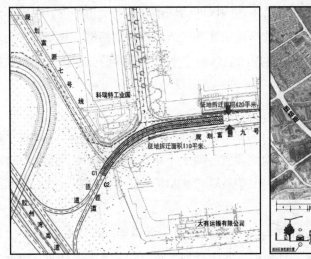

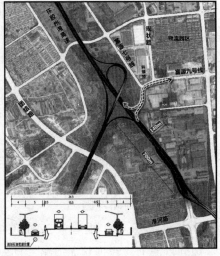

图3.133　富源九号线衔接匝道方案

（3）方案三：富源七号线衔接匝道方案。本方案中C1匝道与C2匝道从胶州湾高速集散车道分流后合并为一条主线以跨线桥形式接入规划富源七号线道路中央，为满足规划七号线通行需求，桥梁两侧地面道路各设置一车道。

该方案优点：桥梁工程量小，投资较低；可实现与物流园区直接衔接。缺点：与输油管线不满足规范要求，需调整敷设路径；富源七号线为规划道路，现状未实施，且实施难度较大。

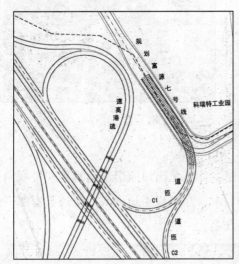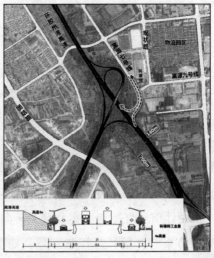

图3.134 富源七号线衔接匝道方案

（4）方案四：现状路衔接匝道方案。结合科瑞特门前现状路（道路红线宽30 m），C1、C2匝道从主线分离后合并跨越富源九号线及科瑞特南大门后，接入现状路，为满足现状路的通行及转向需求，桥梁两侧地面道路各设置一车道。

该方案优点：与规划中石化输油管线垂直交叉，几乎无影响；现状路规划向北打通，贯穿整个物流园区，作为物流园区中间的南北向道路，其衔接后的疏解能力要强于富源七号线及富源九号线；现状路道路宽度满足匝道桥梁衔接及设置地面辅路的宽度需求，不增加现状路的道路红线。缺点：科瑞特工业园北门需进行右进右出交通组织；桥梁工程量相对较大，工程投资相对较高。

从匝道近远期服务范围、与管线相对关系、工程实施的难易程度等角度综合考虑，推荐方案四：与现状路衔接匝道方案作为推荐方案。

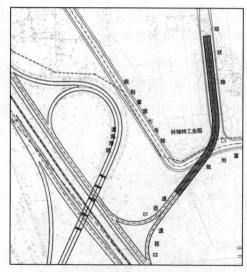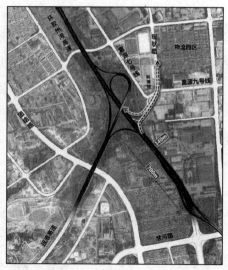

图3.135　匝道衔接现状路方案

3）富源一号线节点方案。

方案拟在富源一号线设置一对上下匝道，为满足出口匝道交通富源一号线向西以及富源一号线西向东进入入口匝道交通的需求，在出口匝道、入口匝道与富源一号线相交处拟设计信号灯控制方案及调头转向方案。

（1）方案一：信号灯控制方案。如图3.136所示，方案通过将A1匝道合流、B2匝道分流的形式与富源一号线连接。将B2匝道右转交通提前分离，左转转向向交通继续直行与富源一号线、A1匝道分流道路形成十字交叉口并用信号灯加以控制。

图3.136　信号灯控制方案

方案中最小圆曲线半径为 50 m，交叉口范围内坡度控制为 3% 以内，信号灯控制周期以短周期为主，必要时可以实施智能交通，根据现场交通拥堵情况实时调整信号灯周期以及各象限红绿灯时间，避免车辆过多集中等候在 A1、B2 匝道上。

（2）方案二：调头转向方案。如图 3.137 所示，A1 匝道、B2 匝道均以接入道路外侧的形式接入富源一号线，并将富源一号线（胶州湾高速以东、富源七号线以西）进行拓宽，设置 2.5 m 宽中央分隔带，在靠近交叉口（富源七号线）处设置开口，实现车辆的调头转向，满足 B2 出口匝道交通沿富源一号线向西、富源一号线西向东交通进入 A1 入口匝道的需求。

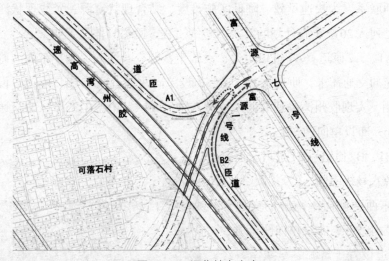

图3.137　渠化转向方案

方案中 B2 匝道口、A1 匝道口与中央分隔带开口距离较近，车辆行驶交织段较短，需设置限速、减速慢行、分合流标志等禁令、警告标志等措施来提高车辆行驶的安全性。

方案综合比选：信号灯控制方案：信号灯控制方案将左转转向交通通过信号灯控制的方式加以控制，但交叉口范围内受现状桥梁锥坡的影响，不满足视距要求，工程运营过程中安全隐患大。掉头转向方案：此方案较为简单，占地面积较小，左转车辆通过富源一号线掉头转向实现向北疏解。经综合分析，采用方案二：掉头转向方案作为推荐方案。

（四）主要总体方案

1. 工程近期总体方案

经过方案比选，确定本项目的推荐方案为"主线拓宽、增设匝道"：主线进行全线拓宽，由双向四车道调整为双向六车道，预留远期八车道建设条件；同时增设 3 对上下匝道分别与富源一号线、富源八号线和富源九号路相接；同步完善管线、交通、照明等附属设施。工程实施后，该路段可较好发挥城市道路功能，均衡区域路网流量，降低车辆绕行距离，对区域的发展可起到更好的支撑。

主线拓宽——黄岛立交范围内道路主线进行两侧拓宽，黄岛立交范围外至现状黄岛收费站进行单侧拓宽，均将现状胶州湾高速主线双向四车道拓宽改造为双向六车道，预留远期八车道建设条件。主线拓宽的同时改造中央绿化带，横断面宽度由 23 m 拓宽至 33 m。近期按照双向六车道+紧急停车带进行改造。

增设匝道——匝道的增设主要是解决北向的胶州湾高速、西向的疏港高速与周边地块的交通联系。为快速见效、降低实施难度，结合现状富源一号线现状涵洞及开发区建设局已列入2015实施计划的富源八号线工程，匝道具体设置如下。

（1）A1、A2匝道：A1进口匝道，设置于富源一号线北，满足东西两侧向北进入胶州湾高速的交通需求，匝道宽10.5 m，布设单向两车道；A2出口匝道，设置于富源一号线南侧，实现胶州湾高速北向交通进入物流园区及中德生态园区的交通需求，匝道宽10.5 m，布设单向两车道。

（2）B1、B2匝道：B1进口匝道，设置于富源八号线南侧，经富源八号线实现高速东西两侧向南疏解的交通需求，匝道宽10.5 m，布设单向两车道；B2出口匝道设置于富源一号线南，经富源一号线右转进入物流园区，左转进入中德生态园，匝道宽10.5 m，布设单向两车道。

（3）C1、C2匝道：C1进口匝道，与现状路相接，经匝道右转进入胶州湾高速或疏港高速，实现物流园区向西、向北的联系，匝道宽8.5 m，布设单向单车道；C2出口匝道与富源九号线衔接，经匝道右转进入物流园区，实现港区与物流园区的联系，匝道宽8.5 m，布设单向单车道。

工程总体方案如图3.138所示。

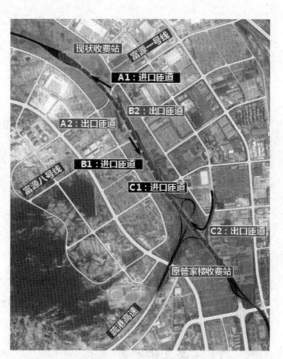

图3.138　总体方案示意图

2.工程远期总体方案

胶州湾高速出口道路规划为城市快速路，远期，其市政化改造是必然之举。远期道路主线布设为双向八车道，同步进行黄岛立交的改造，提高立交转向功能。

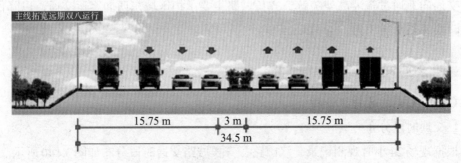

图3.139 胶州湾高速主线拓宽横断面图

第十节 江山路与齐长城路立交工程

一、工程建设背景

青岛市黄岛区人民政府专题会议第115次会议"关于疏港交通体系项目建设专题会"确定："由区发改局负责工程立项，将疏港交通一揽子项目统筹安排列入2015年及以后年度投资计划；区财政局按工程进度拨付相关资金。疏港交通一揽子项目包括十四项道路交通工程建设，根据青发改字〔2014〕61号《关于调整政府投资工程建设主体的通知》要求，区交通运输局、区城市建设局、区城市管理局作为建设单位，按职责分工分别提报建设计划并组织实施。其中，区交通运输局负责实施疏港高架一期与通河路西延打通、江山路与淮河路分离式立交、疏港高架一期拓宽、长江路与昆仑山路立交、昆仑山路北段拓宽改造、开城路二期、黄河路西延等工程；区城建局负责实施千山路（打通路段）、江山路与前湾港路立交、江山路与齐长城路立交、奋进路打通、开拓路打通、通河路（东延打通段）、黄河路高架等工程；区城管局负责实施千山路（改造段）、通河路（改造段）等工程。"

江山路与齐长城路均为区域交通性道路。江山路规划为城市快速路，向北与胶州湾高速衔接，横向衔接黄河路、淮河路、前湾港路等重要横向道路，向南通过嘉陵江路、长江路、漓江西路（滨海大道）等实现与开发区南片区的辐射联系；江山路还是开发区南北发展中轴线，也是支撑开发区区域发展的南北交通动脉。齐长城路规划为城市主干路，西起昆仑山路，东至连江路，沿线与奋进路、团结路、江山路等道路相交，串联起昆仑山路和江山路两条快速路，是目前前湾港港区内东西向主要货运通道，同时也是前湾港规划疏港应急通道之一；远期根据疏港交通规划，前湾港南港区货运交通向北通过疏港高架疏解，齐长城路主要承担区域东西向客运交通，以降低嘉陵江路快速路交通压力。

二、交通分析与预测

（一）现状交通特征分析

1. 交通时段分布

根据现场24小时观测记录，江山路、齐长城路交通时段分布如图3.140所示。

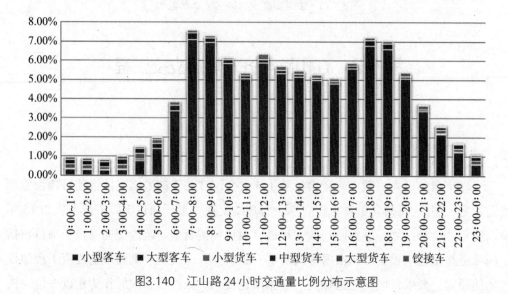

图3.140 江山路24小时交通量比例分布示意图

江山路道路呈现出较为明显的、持续时间较长的高峰时段，从7：00至19：00高峰小时持续12个小时左右，其中以7：00～9：00及17：00～19：00最为明显，这与目前道路承担区域中远距离客运交通的功能是相切合的。

与江山路相比，齐长城路所呈现的交通量小时分布全天相对较为均匀，主要受其所承担货运对外疏解的交通功能所影响。但除此之外，其承担通勤交通需求的小客车交通运行呈现出较为明显的早晚高峰运行状态。

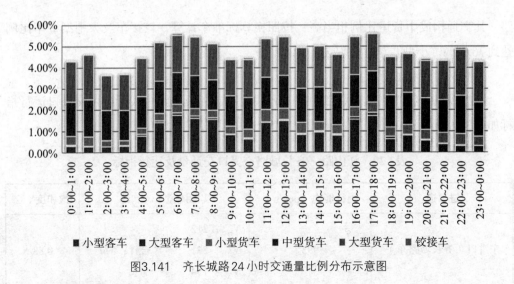

图3.141　齐长城路24小时交通量比例分布示意图

2. 交通构成比例

根据现状调查，江山路及齐长城路交通构成比例如表3.28所示。

表3.28　道路交通构成比例表

车型	江山路		齐长城路	
	自然车	换算标准车	自然车	换算标准车
小型客车	78.65%	66.36%	22.67%	11.33%
大型客车	15.68%	26.46%	5.66%	5.66%
小型货车	5.67%	7.18%	8.98%	6.73%
中型货车	0.00%	0.00%	12.84%	12.83%
大型货车	0.00%	0.00%	45.18%	56.45%
铰接车	0.00%	0.00%	4.67%	7.00%

注：交通量换算采用小客车为标准车型，换算系数采用小型客车1.0，大型客车2.0，小型货车1.5，中型货车2.0，大型货车2.5，铰接车3.0。

从表3.28可以看出，由于两条道路所承担的功能较为清晰，所呈现出的交通构成具有各自明显的交通特征。江山路交通构成中客车比例相当高，按照换算标准车计算，小型客车比例达到66.36%，大型客车（主要为长途客运及公交车辆）比例达到26.46%。货运交通仅为满足区域生活需求的小型货车，其比例仅为7.18%；而齐长城路由于承担现状货运的集疏港需求，联系南港区与团结路、昆仑山路等区域纵向道路，其交通构成中货运比例相当高，按照换算标准车计算，铰接车及大中型货车比例达到76.28%，小型客车比例仅为11.33%。

3. 交叉口现状通行能力

根据现场连续观测，现状江山路—齐长城路、齐长城路—太行山路交叉口运行指标如表3.29所示。

表3.29 江山路—齐长城路交叉口交通量及运行指标

进口道	通行能力（pcu/h）	实际流量（pcu/h）		饱和度V/C
东进口（齐长城路东）	993	$N_{右转}$：212 $N_{直行}$：531 $N_{左转}$：134	合计：877	0.88
西进口（齐长城路西）	717	$N_{右转}$：76 $N_{直行}$：453 $N_{左转}$：136	合计：662	0.93
南进口（江山路南）	2 765	$N_{右转}$：35 $N_{直行}$：2 355 $N_{左转}$：142	合计：2 532	0.92
北进口（江山路北）	2 765	$N_{右转}$：132 $N_{直行}$：2 338 $N_{左转}$：138	合计：2 608	0.94
合计	7 240	6 682		0.92

现状江山路—齐长城路交叉口高峰小时饱和度为0.92，服务水平E级，交叉口延误及拥堵较为严重。其中，除齐长城路东进口方向外，其余路口饱和度均超过0.9，服务水平为E级，延误较大，左转交通压力较大。

（二）远期交通预测

1. 预测依据与年限

以《青岛港总体规划》《黄岛分区规划》中对城市的发展定位和交通发展趋势为依据，参照《西海岸综合交通规划（2012~2020）》居民出行调查等相关数据和其他交通出行特征，综合《黄岛区疏港交通专题报告》《青岛前湾保税港区总体规划》中对集疏运体系、港口发展的把握，利用宏观交通仿真软件，建立宏观交通模型，预测建设道路远景年交通量。

预测期限与《西海岸综合交通规划交通规划》一致，为2020年。

2. 交通量预测及结论

按交通量预测结果，到2035年，江山路、齐长城路道路断面交通预测流量如表3.30所示。

表3.30 江山路及齐长城路道路断面预测断面流量（pcu/h）

预测年	2015	2020	2025	2030	2035
江山路预测交通量及	6 208	6 518	7 170	7 888	8 676
道路服务水平	C	C	C	D	D
齐长城路预测交通量	4 172	4 798	5 518	6 070	6 980
及道路服务水平	B	C	C	D	D

3. 节点建设规模需求分析

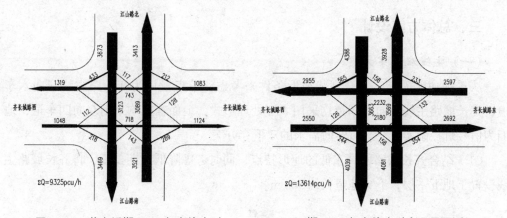

图3.142 节点近期2020年高峰小时　　远期2030年高峰小时交通量预测

节点2020年高峰小时交通量预测约为9 325 pcu/h，主要交通流向为江山路南北方向，为6 000～6 500 pcu/h，齐长城路方向直行为1 400～1 500 pcu/h，转向交通总需求约为1 600 pcu/h。因此，从交通需求来看，近期以解决江山路南北向直行中远距离交通需求为主。

（三）建设规模分析

按交通量预测结果，到2035年，江山路、齐长城路道路断面交通预测流量如表3.31所示。

表3.31　江山路及齐长城路道路断面预测断面流量（pcu/h）

预测年	2015	2020	2025	2030	2035
江山路预测交通量及道路服务水平	6 208	6 518	7 170	7 888	8 676
	C	C	C	D	D
齐长城路预测交通量及道路服务水平	4 172	4 798	5 518	6 070	6 980
	B	C	C	D	D

　　根据上述交通预测结果，江山路远景设计年道路高峰小时断面交通量为8 676 pcu/h，齐长城路远景设计年道路高峰小时断面交通量为6 980 pcu/h。根据《建设项目交通影响评价技术标准》的路段机动车服务水平划分等级，江山路按照主线双向六车道、辅路双向四车道改造建设标准，高峰小时的交通服务水平为D级；齐长城路按照主线双向四车道、辅路双向四车道建设标准，高峰小时的交通服务水平也为D级，能较好地满足道路所承担的交通功能。

三、总体方案设计

（一）主线双下穿方案

　　从景观功能需求、结合现状地形条件来考虑，节点设计为江山路主线双向六车道、齐长城路主线双向四车道均采用下穿处理形式，地面辅路均采用双向四车道，地面为信号灯控制实现交叉口转向需求的双下穿方案。

　　（1）结合齐长城路西高东低的地形特点，同时考虑降低远期投资，将齐长城路主线设置于地下一层，下穿地道长约560 m。

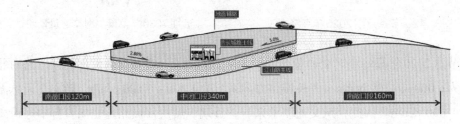

图3.143　远期节点双下穿总体方案江山路剖面图

　　（2）结合江山路中间高两侧低的地形特点，江山路主线设置在地下二层，地道总长度约620 m，其中南敞口段长约120 m，北敞口段长约160 m，中间闭口段长约340 m。

　　（3）考虑到近远期道路通行车辆类型需求不同，齐长城路主线最大纵坡以4.0%

控制，江山路主线最大纵坡以5.0%控制。

（4）两条主线地道范围内均存在最低点，需设置泵站以解决地道内排水。

图3.144 远期节点双下穿总体方案效果图

该方案评价如下。

（1）功能明确，实现了江山路客运与齐长城路货运交通的有效分离。

（2）主线均采用下穿方案，对景观影响较小。

（3）齐长城路东端地道出口距太行山路（保税区北门）约200 m，远期运营过程中，易在交叉口范围内形成拥堵，影响交叉口通行能力。

（4）双向主线均需设置泵站，后期运营维护成本高，且最低点高程约0.5 m，运营风险高。

（5）工程分期实施难度大。

（二）齐长城路下穿+江山路上跨方案

结合齐长城路西高东低的地势特点，从远期齐长城路仍存在货运交通的可能、降低齐长城路货运交通运行噪音等角度出发，设计为江山路主线六车道上跨+齐长城路主线四车道下穿的设计方案，地面辅路均采用双向四车道，地面为信号灯控制实现交叉口转向需求。

齐长城路主线西侧从三维电子工程青岛有限公司大门口（K0+820）开始下穿，下穿江山路地面路，向东至齐长城路太行山路交叉口西侧（K1+560）与地面顺接，地道总长度约740 m，最大纵坡3.89%。

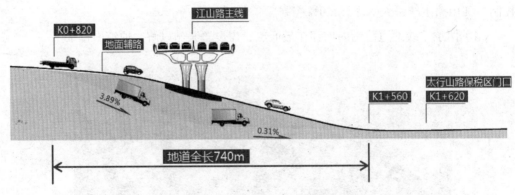

图3.145　齐长城路下穿纵断面图

江山路主线设置在第二层，从卓亭广场门口（K1+320）处开始上跨，与五菱科技门口（K2+400）处与地面顺接，桥梁全长1 080 m，齐长城路北侧纵坡均较大，接近4%。

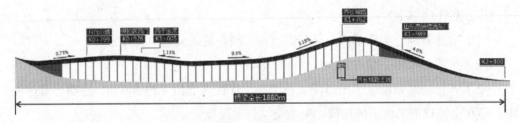

图3.146　江山路上跨纵断面图

该方案整体功能上实现了江山路、齐长城路主线及客货分离的交通功能，但存在以下问题。

（1）齐长城路地道若实现向东自然排水，地道接地点需向东延伸，距离太行山路（保税区北大门）仅约80 m，进出地道车辆与地面车辆在此路段交织，影响车辆运行安全且易造成交通拥堵。

（2）由于江山路在齐长城路以北地势南高北低，为满足路口净空需求，江山路跨线桥需向北延伸约600 m，桥梁距离较长，且纵坡较大，道路纵断面线形较差。

（3）江山路向南若直接落地，纵坡较大（4%），考虑到远期快速化改造，为实现江山路直行方向交通的连续畅通，需同步跨越北京路（保税区西大门）、五台山路，因此近远期实施较为困难。

（4）通过交通分析，现状江山路与齐长城路节点最为紧迫的是解决江山路直行方向过路等待的问题，若从该角度出发，因此需同步建设江山路跨线桥，工程投资较高。

（三）江山路主线下穿+齐长城路主线上跨方案

从总体路网规划、远期功能需求、近远期分期实施等角度综合考虑，同时结合现状地形条件，节点设计为江山路主线双向六车道下穿、齐长城路主线双向四车道上跨的设计方案，地面辅路均采用双向四车道，地面为信号灯控制实现交叉口转向需求。

（1）考虑保税区北门对外出行需求，结合齐长城路西高东低的地形特点，齐长城路主线向西跨越江山路地面路，向东跨越太行山路（保税区北门）后落地，桥梁总长度约1.02 km。

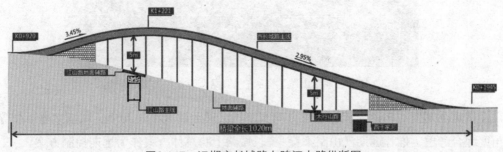

图3.147 远期齐长城路上跨江山路纵断图

（2）结合江山路中间高两侧低的地形特点，江山路主线设置在地下一层，地道总长度510 m，其中地面交叉口覆盖段长45 m，其余均为敞口段。

（3）下穿地道内坡向为由北向南自然坡向，区域内无最低点，采用自然排水方式。

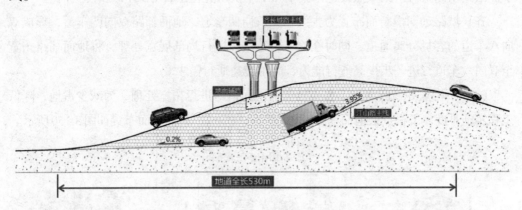

图3.148 远期江山路下穿+齐长城路上跨总体方案江山路道路剖面图

该方案评价如下。

（1）方案交通功能明确，实现了江山路客运与齐长城路货运交通的有效分离。

（2）远期总体方案向东同时跨越太行山路（保税区北门），有效降低了主线车辆与保税区集疏交通的相互干扰，提高了区域通行能力。

（3）下穿地道内采取由北向南的自然排水方式，运营成本及运营风险低。

（4）工程可结合近期交通需求及远期交通规划的调整，适当分期实施。

图3.149　远期江山路下穿+齐长城路上跨总体方案效果图

从近远期交通功能需求、工程分期实施、交通运营成本及安全、区域交通组织等角度综合考虑，推荐远期江山路下穿+齐长城路上跨总体方案作为远期控制方案。

（四）远期总体方案

节点远期总体方案为江山路主线双向六车道下穿、齐长城路主线双向四车道上跨，地面辅路均采用双向四车道，地面为信号灯控制实现交叉口转向需求。该方案除对江山路—齐长城路节点上跨方案进行充分论证之外，也将工程沿线主要制约因素以及江山路东侧太行山路节点改造方案纳入了本次研究范围，方案相关论述如下。

齐长城路远期横断面布置为主线桥梁双向四车道，地面辅路双向四车道，形成双向八车道的客货分离通道，同时在交叉口范围内进行局部展宽处理，将地面辅路拓宽至双向六车道，进一步提高通行能力，满足交通通行需求。

（1）下桥点处横断面。下桥点处需对地面道路进行拓宽处理，为减少占地，降低工程实施难度，下桥点处地面辅路设置为双向两车道，具体断面布置如图3.150所示。

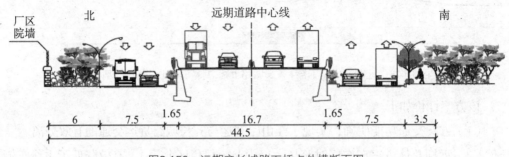

图3.150　远期齐长城路下桥点处横断面图

（2）交叉口范围内横断面。交叉口范围内需进行局部展宽，以提高通行能力，地面辅路布置为双向六车道，具体断面布置如图3.151和图3.152所示。

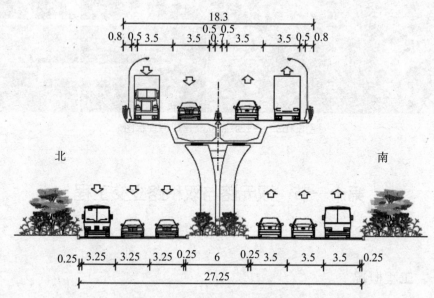

图3.151 远期齐长城路交叉口范围内横断面图（江山路以西）

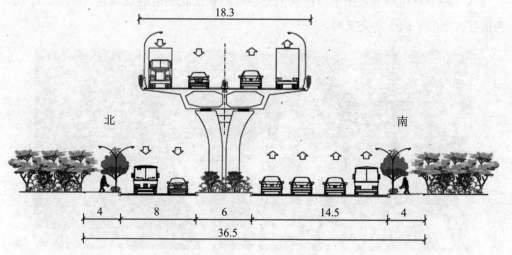

图3.152 远期齐长城路交叉口范围内横断面图（江山路以东）

图3.153　齐长城路立交建成后现状图

第十一节　双元路与双积路立交工程

一、工程概况

1. 工程建设背景

双元路与双积路节点位于白沙河南侧、双埠立交北端落地点以北300 m处，现状为信号控制的平面十字交叉口。

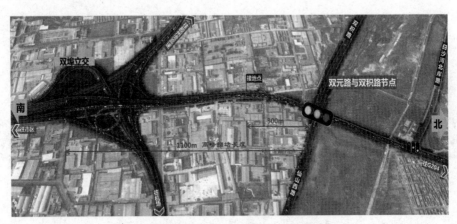

图3.154　双元路与双积路节点位置示意图

2008年，胶州湾高速公路市区段（杭鞍高架路至双埠收费站段）取消收费，由双向四车道拓宽为双向八车道，双埠立交作为环湾路与双流高架桥相交的"枢纽"立交同步进行改造，但改造方案未充分考虑双元路向北继续规划为城市快速路的功能属性，北端接地点在本次研究节点的南侧300 m接地，导致本次研究节点与南侧互通立交的通行能力不匹配。

另外，受白沙河阻隔、安顺路北端衔接不畅及周边规划路网尚不完善等因素制约，现状双元路是铁路以西区域及青岛老港区货运车辆进出东岸城区的最关键通道。同时，随着高新区的快速发展，其与市区之间的交通需求迅速增长，且由于周边卓越蔚蓝群岛、市区保障房、龙湖地产等项目的不断开发建设，导致白沙湾区域对外交通出行需求强烈。种种因素叠加，导致大量客货运车辆在此聚集，加之环湾路、双流高架等快速车流的连续冲击，节点大面积交通拥堵呈常态化，特别是交通高峰时南向北下桥车辆排队达 1.1 km，影响到双埠立交的交通转向，市民反映强烈，迫切需要提升改造。

2. 工程建设内容

环湾路—双元路方向：南起现状双埠立交匝道分汇流点，北至宝陆莱路以北约 380 m，全长约 1.6 km；双积路—仙山西路方向：西起蓝家庄以西约 500 m，东至大润公司以东约 250 m，全长约 1.3 km。

另外，由于本工程节点与现状双埠立交相距仅约 600 m，匝道进出口交织距离较短，在双埠立交建成年代较近、难以进行部分拆除改造的情况下，在本次设计范围基础上，统筹考虑区域道路交通系统规划，对现状双埠立交与本工程节点方案进行一体化设计，作为远期控制方案；近期暂不对双埠立交进行改造，通过拼宽双埠立交以北主线桥梁宽度，在主线三车道以外设不少于两车道的集散车道，通过交通管控措施保证交通安全。该工程主要建设内容包括道路、桥梁、管线、景观、照明、交通等相关工程。

3. 主要影响因素

（1）双埠立交。双埠立交位于本次改造节点以南约 60 m，2008 年与环湾路一起完成改造。由于该立交建设年代近且主线车流量大难以封闭，经前期方案研究和市城规委会、市政府常务会等会议决策，近期不具备与本工程同步进行改造的条件。

（2）白沙河桥。现状白沙河桥于 2014 年建成通车、双向六车道通行，本次立交建设应统筹考虑该跨河桥建成年代近、交通流量大等问题，双元路南北向主线建设方案应避免影响既有桥梁的安全和车辆通行。

（3）现状地下管线。立交节点周边现状管线较多，立交施工影响电力、通信、燃气、给水等现状管线，工程建设应合理避让或进行保护和迁移。

（4）周边建筑和用地。项目周边用地以工业用地为主，主要涉及北海钢铁、信进汽修、信文水产品、瑞和混凝土公司、大水食品、精工自动化仪器等公司；同时项目周边分布部分商业，主要涉及华帝酒店以及部分市政公用设施，如流亭供水处。

4.项目功能定位

根据《青岛市城市综合交通规划》《青岛市中心城区道路网规划》《青岛市城阳区综合交通规划》《青岛新机场综合交通体系衔接规划》等规划，双元路规划为城市快速路，是东岸城区货运车辆进出的交通要道，是东岸城区与北岸城区交通联系的主要通道，也是东岸城区与新机场联系的主要通道；双积路—仙山路是高新区与东岸城区联系的交通要道，节点南侧紧邻环湾路、仙山路快速路、双流高架等城市快速路和双埠立交，交通功能十分突出。

双元路与双积路节点是环湾路与双元路快速路的衔接节点，与双埠立交共同组成快速路网中的交通转换"枢纽"，实现区域主要道路间的交通衔接需求。

根据路网规划和现状道路管控情况，双元路与双积路节点立交作为双埠互通立交的功能补充，建成后与双埠立交一起构成区域环湾路、双流高架路、规划双元路快速路、规划仙山路快速路的衔接枢纽，实现东岸城区

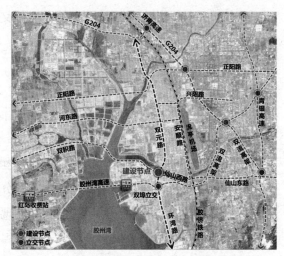

图3.155　工程节点与周边路网布局图

与胶东国际机场、高新区、红岛经济区之间的快速联系。节点主要功能如下。

（1）一是现状双埠立交功能的重要补充，承担区域主要道路间的交通转换需求，可立体化分流城阳方向及高新区方向的交通流，缓解主要交通流向的交通拥堵。

（2）二是规划双元路快速路的南端起点，是东岸和北岸城区过境和货运交通疏解通道。

（3）三是中心城区规划快速路网的重要组成，是下一步实施双元路快速路的关键环节。

该方案设计方面重点解决如下问题：一是南北向主线的快速和连续衔接；二是双积路与东岸城区快速路网的快速联系；三是周边集散交通与快速路系统的衔接需求。

二、交通分析和预测

（一）现状交通情况

根据现场调查，双埠互通立交整体交通量大，双元路与双积路交叉口交通拥堵呈常态化。其中，环湾路—双元路方向拥堵最严重，南向北下桥呈全天候特征，北

向南早、晚高峰拥堵突出；仙山西路—双积路方向早高峰东向西、晚高峰西向东拥堵，中午时段东向西呈现轻微拥堵；转向交通中南向西左转拥堵最为突出，呈现常态化趋势。

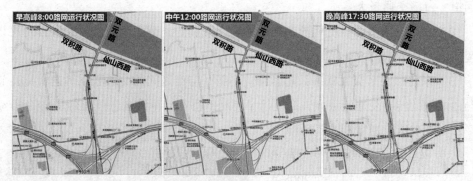

图3.156　现状双元路与双积路节点及双埠立交交通运行情况示意图

现状双元路与双积路交叉口高峰实测交通量如表3.32所示。

表3.32　现状双元路与双积路节点交通流量表

现状节点交通量	方向	流量	Σ	饱和度
环湾路（南进口）	右转	150		
	直行	1 213	2 004	1.09
	左转	641		
双元路（北进口）	右转	125		
	直行	1 084	1 647	1.07
	左转	201		
仙山西路（东进口）	右转	140		
	直行	823	1 061	1.1
	左转	168		
双积路（西进口）	右转	531		
	直行	807	1 438	1.08
	左转	150		

（二）拥堵分析原因

1. 交通需求量大，交叉口通行能力不足

（1）东岸城区缺少南北向通道。双元路是西流高架以西区域及老港区南北疏解唯一通道，过境交通量大。

（2）过境货运集中。受西流高架限货等因素制约，节点承担市区大量西向及北向过境货运交通需求。

（3）东北岸城区交通联系日趋紧密。高新区与市区间的交通联系迅速增长，节点南与西之间的转向交通流量大，据统计早高峰下桥左转车约占进口通行总量的60%。

2. 交通功能、通行能力不匹配

（1）双埠立交方案设计对规划和交通需求考虑不足。双埠立交2008年与环湾路同步进行改造，双埠立交设计方案以环湾路—胶州湾高速为主流向，在原T型互通立交基础上通过增设匝道，实现环湾路—双元路方向的交通衔接，大量南北向过境交通与右转车辆自主线连续分流，导致南北向交通干扰大、功能弱，对双元路快速路方向考虑不足。

图3.157　双埠立交与双元路—双积路节点位置关系

（2）双埠互通立交与信号灯交叉口通行能力不匹配。现状立交北端接地点距离信号灯路口约300 m，两者通行能力不匹配，车辆通过互通立交快速到达并聚集在信号灯路口，难以疏解。

（三）交通需求预测

1. 交通量预测方法

利用TransCAD软件在区域规划路网、土地利用性质和建设规划的基础上，采用"四阶段法"对未来交通需求进行预测。

（1）高峰小时系数。根据青岛市城阳区综合交通规划，远景年高峰小时车辆出行占白天12小时系数取9%。

（2）出行生成分析。按用地性质及主要道路边界，节点所在周边区域划分为6个交通小区，依据划分的交通小区进行后续的交通预测分析。

（3）出行分布分析。根据各小区的发展特征及出行生成量，应用双约束重力模型对各区域在青岛市的到发交通及区域内交通进行分布预测。

随着高新区、红岛经济区的开发建设，其与东岸城区的联系越来越密切。根据相关数据分析，高新区未来主要与东岸三区、城阳、即墨、胶州和开发区联系。其中，与东岸城区联系的平均日出行 11 万人次/天，约占出

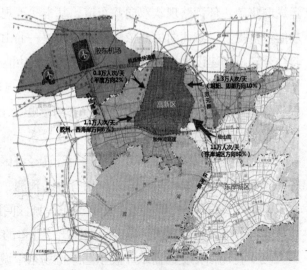

图3.158　高新区日出行需求分布图

行总量的80%；与城阳即墨方向的出行 1.3 万人次/天，约占出行总量的10%；与平度方向的出行 0.3 万人次/天，约占出行总量的2%；与胶州黄岛方向的出行 1.1 万人次/天，约占出行总量的8%。

（4）出行方式选择分析。区域出行方式选择预测采用定性和定量、宏观和微观相结合的方式进行。北岸城区现状居民出行公交分担比例为17%，依据青岛市未来发展布局、北岸城区未来发展趋势及新区规划，结合现状居民出行方式结构、决策趋势及未来机动车发展政策，对未来交通结构组成进行预测，得到规划年及远景年居民出行方式比例，如表3.33所示。

表3.33　居民出行方式预测结果

年份	公共交通	小客车	出租车	其他客车	非机动化	合计
2020年	35%	38%	5%	3%	29%	100%
2039年	45%	23%	4%	3%	27%	100%

2. 交通量预测

（1）货运交通需求。全市物流基础设施规划为 6 大物流园区、14 个物流中心和 9 个配送中心。该工程研究范围内主要涉及：城阳空港物流园区、城阳综合物流园区和李沧娄山物流园区以及市应急物流中心、青岛出口加工区物流中心、青岛高新区物流中心、青岛市粮食物流配送中心等多个物流园区及区域物流中心。主要疏解道路受城阳中心区限制货运通行的影响，南北向主要依靠环湾路—双元路承担东、北岸城区货

运纵向集疏：环湾路现状双向八车道，基本实现规划功能；双元路现状双向四车道，功能亟待提升。东西向主要依靠胶州湾高速—仙山路承担货运横向集疏：胶州湾高速将结合新机场建设进行拓宽改造；仙山路现状功能也亟待提升。

根据周边主要物流园区和中心的规模，预测远期日总货运出行量约 5.5 万辆。根据路网和出行分布情况，立交节点约承担总量的 50%，日交通量约 2.75 万辆（5.5×10^4 pcu）。

（2）客运交通需求。随着高新区、红岛经济区的快速开发建设，其与东岸城区的联系越来越密切，根据出行人次和出行方式预测，远期高新区与东岸城区平均日交通出行量约 7.5×10^4 pcu。根据高新区与东岸城区间路网现状和规划情况，预测本次立交节点将承担高新区与东岸城区间交通出行总量的 70%，日交通量约 5.2×10^4 pcu。

（3）机场衔接交通需求。胶东国际机场东岸城区与新机场间的常速交通联系主要通过双元路与双积路立交节点疏解。根据《青岛新机场综合交通体系衔接规划》，远期机场与东岸成区间的高峰交通需求量约为 1.1×10^4 pcu，特殊天气节点最大承担量约 80%。

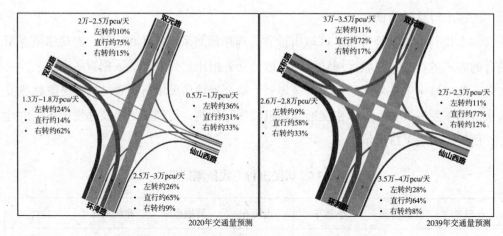

图3.159 双元路—双积路节点目标年交通量预测

综上所述，节点立交建成后近远期目标年交通出行量如图 3.159 和表 3.34 所示。

表3.34 远景年双元路与双积路节点立交交通量预测

2039年交通量预测	通行能力（pcu/h）	方向	流量（pcu/h）	Σ	饱和度
环湾路（南进口）	5 800	右转	286	4 490	0.77
		直行	3 133		
		左转	1 071		

（续表）

2039年交通量预测	通行能力（pcu/h）	方向	流量（pcu/h）	∑	饱和度
双元路（北进口）	5 400	右转	306	3 725	0.7
		直行	3 062		
		左转	357		
仙山西路（东进口）	3 700	右转	367	2 801	0.76
		直行	2 108		
		左转	326		
双积路（西进口）	4 400	右转	1 122	3 406	0.77
		直行	1 988		
		左转	296		

　　其中，南北向：环湾路—双元路作为东岸城区与机场联系、进出市区的主要通道，直行交通为节点最主要流向，高峰小时交通量预测约为6 200 pcu/h。东西向：安顺路、双积路、环湾组团间的交通联系逐步增长，高峰小时交通量预测约为4 100 pcu/h。转向需求：高新区与东岸城区的交通联系，是节点的主要转向交通需求，高峰小时交通量预测约为2 200 pcu/h。

　　根据交通量预测和道路通行能力分析，立交节点远期满足三级服务水平需求。

三、总体方案设计

　　根据《青岛市城市综合交通规划》，双埠立交、双元路与双积路节点为两条规划快速路的交汇点，是完善快速路网的关键，衔接胶州湾高速、环湾路、双流高架、双元路及仙山路—双积路等对外出行通道，承担三城联系和对外交通衔接功能，是快速路网的转换枢纽，现状交通量已基本饱和。随着北岸城区建设开发进程的加快、胶东国际机场等重要组团的快速建设，节点承担的交通转换功能日益突出。

　　从交通功能、与东侧立交管理、建设难度、景观影响及工程造价等角度对上述三个方案进行综合比选，方案一可保障双积路交通快速通过，地面交叉口满足各方向转向需求；对白沙河景观几乎无影响，总投资适中。因此，推荐方案一：双积路主线下穿+地面辅路平面交叉口作为远期控制方案。

　　推荐方案与本次设计工程双元路—双积路节点建设互不干扰，且远期建成后可实现双积路方向主线连续流通行，保障东西向交通疏解能力，同时避免对长江路—双积路交叉口车流产生较大冲击。

1. 推荐方案：双跨线+匝道部分互通方案

双元路与双积路节点立交自下而上共四层，重在增强南北过境直行集疏，解决与双元路远期规划快速路的衔接；增强东西直行集疏，加强双积路—仙山西路的组团联系；增强市区与高新区的联系，实现与双埠立交的有效补充。

图3.160　立交推荐方案示意图

（1）第一层为地面信号灯控制的渠化路口，保留双埠立交南向北下桥功能，迁移保护受影响的地下管线，渠化拓宽地面路口，除转向需求功能较强的南向西方向采用定向匝道外，其余转向需求通过地面信号灯控制，满足周边地块的出行需求。

（2）第二层为环湾路—双元路南北向高架桥，2039年预测高峰小时断面交通量5 549 pcu/h，双向六车道能够满足需求；主线自双埠立交北侧下桥点处，向北分幅新建双向六车道高架桥上跨双积路路口，沿白沙河桥两侧上跨白沙河北岸路及宝陆莱路后临时落地，预留与远期双元路高架快速路的衔接条件，桥梁段（含引桥段）长约1.2 km。

（3）第三层为南向西的左转匝道，2039年预测高峰小时断面交通量1 071 pcu/h，单向两车道定向匝道能够满足交通量需求；自现状双埠立交桥梁外侧傍宽设置左转定向匝道，上跨南北向高架桥后落地接双积路地面路，快速衔接东岸城区与高新区方向，匝道长约0.76 km。

（4）第四层为东西向跨线桥，2039年预测高峰小时断面交通量4 436 pcu/h，双向四车道能够满足交通需求；设计沿双积路—仙山路新建双向四车道高架跨线桥，桥梁段（含引桥段）长约1.07 km。

推荐方案与远期规划路网的衔接：一是南北采用双向六车道高架形式，实现与远期规划双元路快速路的衔接，同时结合本次改造范围内保留的北向下桥匝道，实现地面区域交通向南与快速路的衔接功能；二是通过南向西匝道，实现东岸城区与高新区、红岛经济区等区域的快速集疏；三是通过双积路—仙山西路东西跨线桥，实现高新区、红岛经济区等区域与流亭、夏庄等区域的快速衔接。

2. 比较方案：全互通立交方案

从实现各个方向的交通转换需求角度出发，提出全互通立交方案，实现全方向转向需求功能。全互通方案中涉及全苜蓿叶互通立交、三环+定向匝道互通立交两个方案。

方案设计要点：一是保留南向北下桥匝道，保留节点地面交通与环湾路衔接功能，满足周边的正常出行；二是新建南北跨线桥，实现环湾路—双元路快速路功能，解决南北快速

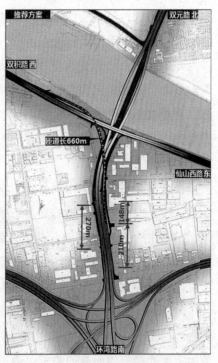

图3.161 双跨线+匝道部分互通方案平面布置图

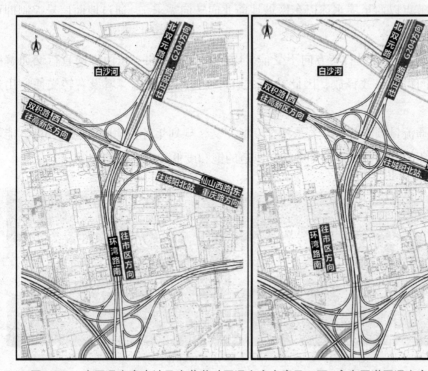

图3.162 全互通方案中涉及全苜蓿叶互通立交方案及三环+定向匝道互通立交方案

直行交通功能；三是新建东西跨线桥，实现东西快速直行交通功能；四是转向交通功能需求均采用匝道形式解决。

方案比选：结合交通量预测，无论在近期还是远期的转向交通中，南向与西向的需求最大，因此南向西左转方向采用环形匝道形式无法满足近远期需求。从该角度来讲，在全互通立交方案中，三环+定向匝道互通立交方案功能优于全苜蓿叶互通立交方案。

3. 总体方案比选

在全互通立交方案中，各个方向均采用匝道形式进行衔接，交通功能需求比较的重点是除了南向西方向外的其余三条左转匝道及右转匝道。

（1）北→东左转方向：北向东转向流量占路口总量8%，快速路方向交通疏解比例占到约75%，地面需求约25%，且地面路向东为信号控制主干路。因此，功能需求将以现状双埠立交北向东左转匝道为实现途径；

（2）东→南左转方向：东向南转向流量占路口总量4%，快速路方向交通疏解比例占地约70%，地面路需求约30%。因此，功能需求将以现状双埠立交东向南左转匝道为实现途径，地面交通需求可通过路口及南侧上桥匝道。

（3）西→北左转：西向北转向流量占路口总量4%；由于该方向服务区域相对较小（仅服务节点以西至墨水河以东区域地面北向转向需求），通过地面信号控制即可实现左转需求。

（4）右转方向：因右转方向不受信号限制，且在南北、东西方向直行交通解决后，地面空间得到有效释放，因此右转交通可通过地面渠化、增设右转交通专用道快速通行。

根据交通流量预测分析，若采用全互通立交，规划年各转向匝道的饱和度，能够满足未来几年的交通需求，但部分转向匝道的饱和度低、存在功能浪费。

图3.163　部分互通立交与全互通立交总体对比图

表3.35 部分互通立交与全互通立交总体主要功能对比表

异同	比较内容	部分互通方案（推荐方案）	全互通方案
相同点	南北直行	双向六跨线桥	双向六跨线桥
	东西直行	双向四跨线桥	双向四跨线桥
	南向西左转	定向匝道	定向匝道
不同点	其余左转	地面信号控制	左转环形匝道
	右转功能	地面渠化实现	右转专用匝道
	双元路向北衔接处理	设置上下行匝道	
	工程投资	5.6亿元	8.6亿元

因此，除南向西方向外，其余方向转向需求较小，在工程建设用地受限的前提下，从节约投资、降低工程建设难度的角度出发，该节点作为双埠立交（因胶州湾高速收费、南北向主线临时落地导致的南与西、南与北两个主要流向交通拥堵）的功能补充，应以处理南北直行、东西直行及南向西方向左转功能为主，匝道应结合交通主流向需求适当取舍，推荐采用部分互通立交形式。

4. 远期与双埠立交一体化设计方案

考虑到区域路网规划和衔接条件，本工程立交方案设计和现状双埠立交应作为复合立交统筹考虑、总体设计，并建议分期实施。

（1）远期：为避免车辆频繁进出对主线交通的干扰问题，南向北自双埠立交南向东右转匝道北侧，在主线外拼宽设置两车道集散车道；改造双埠立交西向北环行匝道、东向北右转匝道与集散车道衔接；继续向北与主线分流后，分为两个路由：向西两车道匝道与双积路相接，向北单车道匝道与双元路主线衔接；北向南在接地匝道和双埠立交北向西右转匝道间拼宽设置两车道集散车道。

（2）近期：考虑双埠立交建成年代近，改造社会影响大，近期主要实施现状双埠立交以北双元路与双积路立交和双元路主线桥梁拼宽等，通过交通组织优化和智能化管理手段提高通行安全和效率，缓解交通干扰，降低双埠立交东向北汇入匝道、与本工程南向西定向匝道进出口交织段较短而产生的交通组织冲突问题。

5. 其他节点处理形式方案比选

1）左转匝道形式比选。

该方案出发点是为了增加匝道间的交织距离、缩短南向西左转匝道的长度，将南向西匝道由定向式调整为环形匝道，匝道设置在白沙河内。

图3.164 部分互通中左转匝道采用环形匝道形式效果图

在白沙河内设两车道环形匝道。其优点是：增加匝道分汇流点间距，缓解车辆交织干扰。缺点是：通行能力低，仅相当于双车道定向匝道的40%，难以适应未来东岸城区与高新区方向的交通增长需求；在白沙河内设置桥墩和匝道，一定程度上会削弱河道泄洪断面，影响河道行洪功能。因此，左转匝道采用单向两车道定向匝道方案较环形匝道形式更为合理。

2）双积路上跨与下穿方案比选。

该方案出发点：从降低工程投资、降低立交整体高度的角度出发，将东西向高架桥调整为下穿地道形式。

方案比较：地道全长约600 m，较方案一高架桥缩短约400 m，估算降低工程投资约0.4亿元。但白沙河50年一遇防洪标高为7.1 m，而东西下穿地道低点高程为-1 m，存在较大雨水倒灌风险；地道采用大开挖施工，施工期间对交通干扰影响大。因此，东西向采用高架桥形式较地道方案更为合理。

图3.165 双积路—仙山路方向采用地道方案效果图

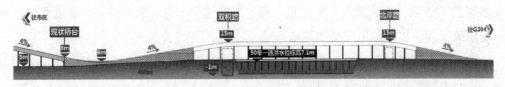

图3.166　双积路—仙山路方向采用地道方案与河道位置图关系图

3）双元路北端接地点位置方案比选。

该方案出发点：本着节约投资和降低工程造价的原则，将双元路跨线桥北端下桥点由宝陆莱路以北180 m，南移约195 m至现状宝陆莱路（规划赵港一路）路口与地面道路衔接。

方案比较：南移后南北跨线桥桥梁段长约1 km，降低工程投资约0.5亿元，但调整后宝陆莱路路口受桥台影响需采用右进右出交通组织形式；宝陆莱路沿线居民进出需通过滨河路桥下及北侧无名路掉头行驶，对流亭街道港东片区的居民出行影响较大。综合考虑用地情况和片区居民出行需求，北端下桥点选择宝陆莱路以北180 m落地较为合理。

4）双元路主线拼宽桥起点。

本工程南端起点临近在建青连铁路，桥梁拼宽起点根据与青连铁路的关系，设计以下两个方案。

（1）方案一：自右转匝道汇入点开始拼宽。主线拼宽起点位于在建青连铁路下方，处桥面净宽约19.75 m，满足入—出型匝道间主线外侧两车道集散车道布设宽度要求。但该方案需在青连铁路主线桥下方进行桥梁拼宽施工，一是需提前与铁路管理部门协调相关施工方案和措施；二是建议尽快启动涉及铁路部分工程建设，争取在铁路通车运营前将涉铁路段建成。

（2）方案二：在青连铁路以北开始拼宽。为避免本工程建设与青连铁路冲突，东侧桥梁自青连铁路北侧约30 m处开始向北拼宽，拼宽起点处桥

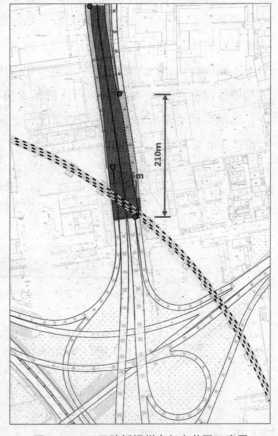

图3.167　双元路桥梁拼宽起点范围示意图

面净宽约 17.5 m，不满足入—出型匝道间主线外侧两车道集散车道布设宽度要求，进一步压缩了入—出型匝道间交织距离。

综合考虑现状桥梁宽度、青连铁路建设情况、车辆交织距离等因素，建议采用方案一：自右转匝道汇入点开始拼宽。

6. 近远期结合设计

双元路与双积路节点立交规划方案：东西向双积路—仙山西路为双向四车道跨线桥+双向四车道地面辅路；南北向双元路为双向六车道高架主线+双向四～六车道地面辅路，主线远期与双元路快速路相接。鉴于节点周边用地情况、远期快速路规划等，本次项目建设方案需统筹考虑近远期结合设计。

（1）双积路—仙山西路方向。双积路—仙山西路跨线桥两侧地面辅路规划宽7.5 m、单向两车道，人行道宽 3 m；受国土批复用地条件制约，仙山西路引桥处国土批复红线宽度 32 m～34 m，在保证高架主线宽度的基础上，难以同时满足地面辅路按规划宽度实施的空间条件。

在设计方案主线上跨的情况下，根据交通量调查和预测，考虑近期仙山西路地面车流量及行人交通量需求，建议采取近、远期结合设计：一是引桥段南北两侧车行道宽度近期暂按 5.25 m 单车道设计实施，满足近期车辆通行需求；二是引桥段北侧近期暂不实施人行道，行人利用河岸南侧绿化带内 1.5 m 景观绿道通行，引桥段南侧近期人行道建设宽度 2 m，满足沿线行人的基本通行需求。

远期根据道路规划及用地调整情况，地面辅路按 7.5 m 宽、单向两车道实施，人行道按 3 m 宽实施。

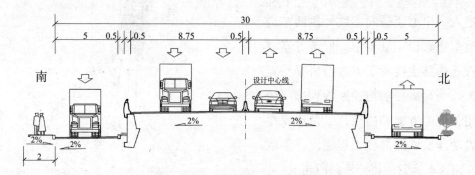

图3.168　近期仙山西路引桥段标准横断面图

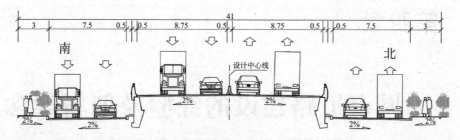

图3.169　远期仙山西路引桥段标准横断面图

（2）双元路方向。双元路北端下桥点近期设计在宝陆莱路以北约238 m落地，接现状双元路地面路。为保障远期双元路快速路建设条件，减少废弃工程，近期北端下桥点预留远期桥梁顶升条件，桥梁断面尺寸与双元路快速路高架方案断面要求一致，满足远期快速路建设要求。

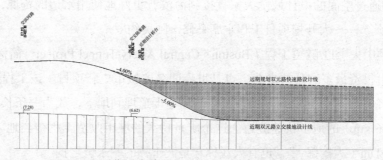

图3.170　远期立交接地点处双元路快速路纵断面示意图

7. 近期交通组织优化设计

本工程设计受现状双埠立交、白沙河及建设用地等条件影响和制约，双埠立交东向北匝道合流点距离现状节点中心仅600 m，距双元路—双积路立交南向西左转匝道分流点约210 m，分汇流点之间的距离较小，根据规范要求需在主线外侧设两车道集散车道，集散车道与主线车道之间通过虚实交通标线等"软隔离"手段、配套监控设施等措施，规范车辆行驶、减少对主线车辆的干扰。

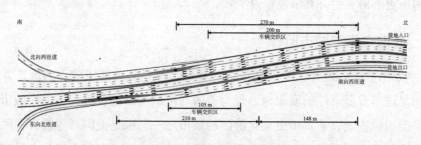

图3.171　现状双埠立交与设计节点距离和交通组织示意图

第四章

≪≪≪ 城市道路建设的经验及创新理念

第一节　交通整治带来的城市设计整合——以波士顿大开挖为例

"我们通过空间的设计鼓励大家直接到海滨，更好地使用水边的资源，更好地欣赏海上美景。"——大开挖项目工程主席马修·阿莫约罗

波士顿中央干道/隧道工程（Boston's Central Artery/Tunnel Project，简称CA/T）是美国历史上投资最多的公共事业，也是世界闻名的城市更新项目。该工程造价近159亿美元，将1959年修建的跨越城市上空的高速干道埋到地下，成为一条长达7.8英里（约合12.6 km）的地下快速隧道。这个旷日持久的城市改造工程被当地人亲切地称之为"Big Dig（大挖掘）"，也有人戏称它是波士顿的"永恒之掘"。

该项目的最初目的是为了解决城市主要交通体系的拥堵问题，但随着工程计划及实施的深入与展开，整个项目发展为一个综合性的城市设计整合工程。这一工程不但解决了长期以来困扰波士顿的地面交通问题，将地面空间还给城市生活，开发为居住、商业和绿化相结合的综合城市廊道，重新建立城市与海、城市与人的空间联系；同时形成了面积250英亩（约合101.2公顷）的城市绿地和开放空间，包括城区一条贯穿南北的绿色廊道，即露丝·肯尼迪绿道（Rose Kennedy Greenway），并且利用大量的土方，在波士顿港湾的一个荒岛上建成一个生态公园。该工程之大，投资之巨，成为美国历史上最大的公共事业建设工程。

一、城市文化与城市肌理

波士顿创建于1630年，是欧洲清教徒移民最早登陆美洲所建立的城市，在美国革命期间是许多重要事件的发源地，现为美国马萨诸塞州的首府和最大的城市。波士顿不仅是美国最古老、最具历史文化价值的城市之一，也是美国高等教育、医疗保健和投资基金的重心，全美人口受教育程度最高的城市之一，全美人均收入最高的城市

之一。世界最著名的哈佛大学、麻省理工学院、波士顿大学、波士顿学院、塔夫斯大学、布兰迪斯大学等都位于大波士顿都会区。波士顿城市面积约为124 km²，人口约为69万（2018年），波士顿大都会区人口约为480万（2016年）。波士顿是周边约200座市镇、650万人口的大都市区域的中心。其市区范围包括波士顿内港（Boston Inner Harbor）、洛根机场（Logan Airport）、查尔斯顿（Charlestown）和南波士顿中心区（South Boston）。该市所在的地域几乎是一个小岛，只有一条非常狭窄的通路与大陆连接。半岛上引人入胜的小山上有三座不高的山峰，半岛还与一个美丽而安静的海港毗邻，当年殖民者把其称作"山城"。从这两个最主要的方面可以说明波士顿的重要性：首先是波士顿历史上主要的著名遗迹和建筑物被很好地保存下来了；另外就是它始终充满活力的经济。

图4.1　改造前的中央主干道

到了20世纪90年代中后期，中央干道老化并开始承受其设计容量三倍的车流，其运量达到每天19万辆机动车，成为美国最拥挤的交通干道。每天的拥堵时间超过10小时，事故发生率是全国平均水平的4倍。同样的情况也发生在波士顿中心区通往城市东部和洛根机场（Logan Airport）的两条地下隧道中。交通事故、汽油浪费、尾气污染、时间延误等带来的损失每年已达5亿美元。

当地居民对中央干道长期存在的严重交通堵塞颇多怨言，称它为"eyesore（令人刺眼的丑东西）"。原有中央干道不仅面临严重的交通问题，还造成了波士顿北部及滨水区与城市中心区的隔离，限制了这些地区在城市经济发展中的作用。另外，随着干道的结构也日趋老化，各种基础设施也都有待更新。因此，为解决这些问题需要大的变革。经过专家的反复推敲，得出的一致结论是与其修缮它，不如采取一个根本性的措施来改变目前这种状况。

图4.2　1959年中央主干道车流量　　　　　　1995年中央主干道车流量

CA/T在城市中心部分展开，它面临着独特挑战。因为施工会影响城市生活，而边施工边通行将导致施工难度成倍增加，同时波士顿地底下是软土基础，使得工程建设技术难度也较大。为了不让地铁与高楼倒塌下来，工程师们将不得不采取冻土等新技术，这将令工程进度很慢。另外，工程规划人员和环境部门、社区团体、商业组织以及政府部门等机构的协调与合作也成为该项目成功与否的重要因素。

二、工程前期规划

在大开挖项目之前，麻省和新英格兰之间只有两个进出口，在20世纪80年代的时候，人们考虑是不是再加入另外一个进出口来进入娄根的机场。当时有很多的讨论是能否重新建立一个港口。当中央干道问题成为影响波士顿乃至整个新英格兰地区经济发展和城市生活质量的瓶颈的时候，人们希望能够建立一个新的模式，对这个交通能够进行改善。因此，从20世纪60年代末，城市交通规划部门就开始着手解决交通拥堵问题，到了70年代，波士顿的规划师提出"大开挖"的规划设想——将1959年的高架中央干道全部拆除，把交通引入地下隧道，修复地面城市肌理，缝合波士顿市近半个世纪的"城市伤口"，将波士顿港湾的

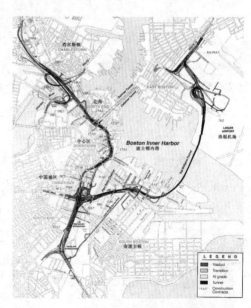

图4.3　波士顿"大开挖"计划总图

滨水区与市内的金融区重新连接起来，开辟新的交通走廊。同时，将被高架道路占用的 $10.5 \times 10^4\ m^2$ 面积腾出来，并将其中大部分重新进行开发，作为绿化用地。

但直到 20 世纪 80 年代，联邦政府才确定了这条高架路的改造计划，并开始初步设计，1991 年中央干道/隧道工程（CA/T）在城市中心动工兴建。

根据规划，"大开挖"计划拆出来的开阔地将被用来建成绿色走廊，建设文化艺术中心、园艺中心、公园、可负担住宅、商业建筑等。特别值得一提的是，地面铺装要以周边街区的肌理为基础进行设计铺设，在功能上提倡多种功能混合；而面向低收入阶层供应的可负担住宅，应占到一些地块开发项目的 15% 甚至 50%。

图4.4 波士顿中心主干道整治平面图

三、工程建设

"大开挖"于 1971 年提出建造，1991 年正式动工，原预计五年就可以完工，但十年过去了仍然不行，后来又定在 2004 年完工，但直到目前仍没有全部结束。项目已从最初的单一解决交通问题方案演变为一个综合性的城市整治系统规划设计。

（一）工程实施

该工程被分为 50 个独立的部分，将向下挖至 85 尺（1 尺 ≈ 0.33 m）深处，而最深可达 120 尺。其中最大的挑战是 I-90 和 I-93 的地下部分，它位于 Fort Point 隧道底下，工程师在南波士顿附近的巨大盆地上建造六个矩形隧道施工面，然后用水泥灌注进去。这部分长度为 1/10 英里（1 英里 ≈ 1.6 km）的隧道造价就高达 15 亿美元。

图4.5 工程北部起点——查金大桥

除以上介绍的部分隧道外，波士顿市还筹建了一座跨越该市查尔斯河（Charles River）的大桥。这座被定名为"查金（Zakim）"的大桥，已于2003年3月29日初步建成，与"大隧道"同时部分地通车。许多波士顿人高兴地了解到，这座桥面上设有来回10个车道，据称是当今世界上最宽的斜拉桥（able-stayed bridge），将成为波士顿市的又一个新标志。

波士顿用桥、隧改造市内交通系统的工程，还远未结束。但是，曾经被称为"中央主干道（Central Artery）"的高架道路，要到2005年才能"隐退"下来。有些等得不耐烦的波士顿人发牢骚说，"但愿能活着看到那一天"。他们已经被市区内繁忙街道上大规模施工所引发的交通阻塞和停顿激怒了。该市前任交通运输专员戴明洛（R. Dimino）先生十分形象地比喻说："在市区内实施这一改造工程，就好像在一场网球赛还在进行的过程中，要为一名运动员实施心脏外科手术。"其难度可想而知。

整个工程总长的一半为隧道，深入地下26～36 m，工程的混凝土用量高达290多万立方米，挖掘土方1 200多万立方米。可以这样具体地描绘一下建设该项目的巨大工作量：如果用一支庞大的载重汽车车队来装运"大开挖"挖掘出来的全部泥土，则这支首尾相接的车队的总长度将延伸9 470英里（约15 237 km）。

如此巨量的土方如何处理是一大环境课题。经论证，它们被用来垫高波士顿港的观光岛，将其建设为新的国家公园，而在此前，那里曾是垃圾填埋场。

"大开挖"项目已成为波士顿整个风光景色的一个组成部分，其曾被有关权威机构评为20世纪90年代以来至21世纪初的世界八大建筑工程之一。

（二）公共参与决策

该项目建设的同时也是公众参与决策的过程，立项过程完全公开化，主管部门提出申请后，充分尊重公众意见，市民有许多机会参与讨论并表达他们的意见，做到集思广益。为了展示规划的成果及实施情况，波士顿政府专门设置了"Big Dig"网站，任何人都可以上去查询施工规划与进度、每一年的情况等，并可以表达意见。网站上还有一些工人施工的图片，甚至在挖掘过程中找到了什么特别的东西也都放在网上展示，以增加市民的认同感。

同时，在设计与施工的过程中，设计师也充分尊重公众的意见与建议，积极与当地居民进行沟通。在设计波士顿的中国城时，中国城的门面设计成很重要的拱门，一开始是设计方在北京的分公司设计的，为的就是将其贡献给当地社区，符合当地社区居民的要求。以前中国城区域是波士顿最缺乏绿地、公园的地方，现在当地居民终于有了亚洲风格的公园。为了做出符合居民需要的设计方案，设计师们为当地的居民开了几百次的会议，就是让这些景观与建筑符合他们的需要。在这个过程当中，虽然设计师的主要目的是改善波士顿的交通，但是他们更希望在这个过程当中提升整个城市市民的生活及交通质量。

（三）资金追加

与CA/T所取得的成绩相对等的，是它堪称天价并且与日俱增的建设费用。

对费用增长的争议从1987年持续到1991年，CA/T的费用从31亿美元增长到52亿美元，增长了近2/3。到1991年时，除了部分管线以外，州际公路系统已经完成，此时联邦政府对该项目的投资将仅用于州内建设，因此项目的资金增长就更引起国会的争论。

1993年11月，马萨诸塞州交通秘书詹姆斯·克拉赛特宣布CA/T建设费用自1991年起又上升了40%，达到77亿美元，相当于20世纪80年代中期国会批准的26亿美元预算的三倍。到2002年，由于其他州公路项目的存在，联邦政府对波士顿投资的比例由69%降至29%。到了工程接近尾声的2005年，费用更是达到147亿美元。

对费用超支问题，州政府的解释是一半归因于工程的设计难度以及需要协调的范围扩大，另一半是由于通货膨胀。

由于隧道开挖不能影响交通等城市生活，所以不仅施工难度高，而且协调成本也超出想象，单是在挖掘的同时保证原高架路开放就要花费6亿美元。有人说最初的预算，如1982年的26亿美元，并没有将协调成本计算在内。至于通货膨胀，有人认为这一时期的通货膨胀率其实很低；也有人认为，最初的成本预算就不准确。但是不论什么说法，人们都承认CA/T存在资金浪费的问题。

（四）整合效果

从解决城市交通问题入手，最终，"大开挖"成为一个城市问题综合整治的复杂工程，随着工程的进展，各项整合效果逐步显露出来。

1.交通整合研究——效率提高

"大开挖"为波士顿建立了新的交通系统，也成为改善城市环境、推动城市发展

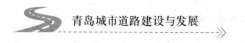

的契机。该项目分两个部分。

（1）在现有六车道高架路的地下，修建八～十车道的高速路，在北端连接查尔斯河（the Charles River）上的大桥，即十车道的莱昂纳多·P·扎科姆·邦科尔山桥（Leonard P. Zakim Bunker Hill Bridge）；地下高速路南端连接93号州际公路。北端的连接已于2003年3月开通，南端的连接于2003年12月开通。地下高速路完成后将完全拆除高架路，在高架路留下的位置塑造公共空间，并进行适度开发。

图4.6 "大开挖"剖面示意模型与建成图

（2）原90号州际公路南端位于波士顿市中心南部，现将其延长，从市中心和波士顿港的地下打通隧道通往洛根机场，即距离南波士顿2.5 km的九车道隧道——泰德·威廉姆斯隧道（Ted Williams Tunnel）。这条隧道使波士顿港距东波士顿洛根国际机场的距离缩短为1.2 km。它于1995年部分开通，于2003年1月全部开通。

新的中央隧道设计容量为每天25万辆机动车，坡道数量减至原来的一半，道路设施也得到了改善。预计CA/T竣工后，拥堵时间将缩短到早晚高峰时间的2～3个小时，使城市的二氧化碳排放量降低12%。泰德·威廉姆斯隧道每天的运量达到9万辆机动车，这不仅使通往洛根机场的交通变得十分便利，而且不必通过93号州际公路，缓解了中央干道的交通堵塞。

2. 城市设计整合——环境改善

"大开挖"建设的主要目的是消除高速路产生的噪声、污染等对波士顿城造成的影响，然后在原高架路的地上部分建一条绿色廊道，使之变成城市的公共空间。

截止到2005年3月，"大开挖"工程已经完成了96%。项目主管迈克尔·刘易斯说，2003年是挖掘隧道之年，2004年是拆除和修复之年，2005年则是建设公园之年。的确，目前的主要任务是在高架路留下的带形空地上进行部分开发，其中罗斯·肯尼迪走廊（The Rose Kennedy Greenway）等公共空间建设，要一直持续到"大开挖"完成之后。根据规划，在地面拆出来的开阔地将被建成一条壮观的绿色走廊，其不同地段将分别被安排建设文化艺术中心、园艺中心、公园、广场、可负担住宅、零售店及其他商业建筑、行政机构。

图4.7 工程建设前、后对比

这片带形空地的建设将对未来的市中心环境有重要影响，因此引起了广泛关注，麻省理工学院还曾为此专门研究过世界一些大城市的相似案例。该空地共划分为23个地块，呈曲线排列。关于它们的争论很多，最重要的就是谁来负责管理。目前，马萨诸塞州公路局（MTA：the Massachusetts Turnpike Authority）和马萨诸塞州交通部（MSDT：the Massachusetts State Department of Transportation）掌握着其中大部分土地；由于地处波士顿市中心，作为城市规划发展部门的波士顿重建局（BRA：the Boston Redevelopment Authority）也掌握着重要决定权；社区组织、环境部门、中央干道商业委员会（ABC）等各种有关组织都要占有一定的成果，各级权力机构、组织团体之间的利益拉锯战将会十分棘手。由此，产生了一系列问题，例如地块的规划最后由谁来确定，作为开放空间和用于开发的地块收益是否平衡，全部地块整体设计开发和单独设计开发哪个合算，等等。地上部分绿色廊道的设计分成三段，即北角、码头区和中国城区。因此全部地块主要由三个单位设计：华莱士·弗洛依德设计小组和戈斯塔夫森合作（team of Wallace Floyd Design Group and the Gustafson Partnership）、易道公司（EDAW）、卡罗尔约翰逊及合伙人（Carol Johnson Associates）。由于各公司的设计特点和兴趣不同，又产生了如何整合地块的形态和功能的问题。其中，中国城区的绿色廊道设计权由中国的土人景观和CRJA联合组成的设计组投标得到，其设计方案从历史的深处挖掘和表现华裔背井离乡踏上北美大陆时的感受，既体现了独特的中国特色，又充满了积极而现代的时尚感，被认为是一个动人的"后现代方案"。至于波士顿海港的区域，规划在这个区域底下建立隧道。并把这个小岛从25英尺（约合7.5 m）提升到125英尺（约合37.5 m），在上面盖造新的国家公园，新的国家公园也得到了政府的投资，而且也打算将其作为娱乐设施，波士顿的人们可以享受这个设施。这个岛也可以享受到滨海道路带来的便捷，通过滨海道路将有更多的人享用这个地方的公用设施。它将成为波士顿的街区公园，周围是西班牙人、拉丁人的街区。这个区域是很多种族居住的地方，规划师们做了很大努力，希望能使这个区域带给大家一种社区感，而不是因为通往机场而失去归属感，因此在上面规划设计了儿童的操场还有一些玩耍的场地。

图4.8　工程建设后释放更多地上空间

3. 土地功能整合——带动开发潜力

将交通干道引入地下，地面部分建设成为绿色廊道，并建立健全了本区域的公共设施，努力促进城市功能的复合化。这些土地功能的整合，带动了本区域的开发潜力。

（1）市中心。由于交通条件和城市环境的改善，波士顿市中心吸引了更多的居民和旅游者，也促进了商业的繁荣，"大开挖"使投资公司的收益上升了10%～15%。高架路拆除后的27英亩（约11公顷）带形土地，将作为城市公共空间布置公园、博物馆等设施。虽然还只是设计意向，但是已经使周边新建了50万平方英尺（约$4.6 \times 10^4 \, \text{m}^2$）的办公楼，给这里曾经十分惨淡的租售市场带来了生机。这里几十年来一直空置或使用率很低的商业建筑也修葺一新，售价也随之高涨。

（2）港区。高架路的拆除使港区和市区连为一体，同样带动了港区的发展。例如，Equity事务所目前在Russia码头拥有33.6万平方英尺（约$3.4 \times 10^4 \, m^2$）办公楼，每平方英尺的年租金为40美元，空置率为1%。他们计划将现有办公楼扩建到90万平方英尺（约$8.3 \times 10^4 \, m^2$），商住两用；到2006年，计划年租金增至每平方英尺50美元。该事务所在Rowe's码头也有类似的投资计划。

图4.9 建设中的大型商业建筑

（3）临近市镇。附近的一些市镇，过去由于交通线路迂回、堵塞严重，与波士顿缺少联系；而"大开挖"项目仿佛一夜之间就使它们与洛根机场、商埠以及州际公路拉近了距离。目前来自多个城市的投资公司正在买进和修缮市镇里的旧工业建筑，如旧金山市的AMB地产公司，买进了萨默维尔（Somerville）的20万平方英尺厂房，准备用于制造业或作为仓库。

4. 工程设施整合——系统确立

据马萨诸塞州公路局发言人肖恩·奥尼尔介绍，"大开挖"不仅使艾森豪威尔总统在20世纪50年代开始计划的国家州际公路系统得以完全实现，而且重建了中央隧道的各种市政管线，其中包括20万英里（约合$32 \times 10^4 \, km$）电话线，5 000英里（约合8 000 km）光缆，29英里（约合46.4 km）给排水、煤气、供热、供电线路，使城市基础设施全面更新。

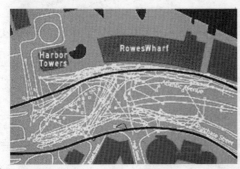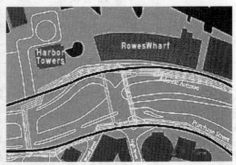

图4.10 工程实施前后的市政管线比较

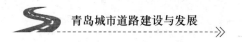

5. 操作方式整合——目标保障

"大开挖"不同于一般的道路重建项目，它的成败关系到一大片区域的未来发展。从其取得的阶段性成果来看，项目相关机构的协调与合作还是有成效的。例如，该项目有详细的环境保护文件，Bechtel/Parsons Brinckerhoff（B/PB）等营建单位需要得到环保部门的许可证；所有的承包商和转包商都要遵守保证项目顺利进行的协调原则；除了少数商业单位离开以外，从1991年至今，没有一户居民搬迁。当然，这也花费了相当巨大的财力、物力。长期坚持的合作成为该工程不断推进的重要原因。

表4.1　波士顿"大开挖"项目开发计划与进程

时间	事件
1959	中央干道开通
1972～1985	提出重建中央干道的概念
1986～1990	提出建设中央隧道的想法及其计划推进
1987	获得联邦政府支持，使资金问题得以解决
1987	查尔斯顿的部分工程开工
1990	州环境事务官员批准市中心的工程——开放空间和开发用地
1991	波士顿城市重建局（BRA）和马萨诸塞州高速公路（MHD）制定的"波士顿2000"明确了新增城市用地开发具体计划。BRA和城市政府以此为依据制订了详细的分区计划，即"条款49"
1991	州环境事务官员接受"波士顿2000"作为公共空间使用原则
1992	市中心的隧道工程开工
1995	州政府和市政府接受"多数人意见计划"，该计划明确了街道和人行道的具体位置以及地块边界
1996	立法机构将新增的带形公共空间命名为罗斯肯尼迪走廊（The Rose Kennedy Greenway）
1997	马萨诸塞州公路局（MTA）从马萨诸塞州高速公路部（MHD）手中接管中央干道工程
1999	为开发地块选择开发商
2000～2001 MTA	协调各地块的规划，包括规划理念和设计准则

（续表）

时间	事件
2002	州政府和市政府为市中心的走廊成立了一个管理实体
2002～2003	选择各地块的设计者
2003～2004	地块设计最后完成
2004～2005	其他公共空间和开发地块建成或在建设中

"大开挖"在1997年前后分别由马萨诸塞州高速公路部（MHD：the Massachusetts Highway Department）和马萨诸塞州公路局（MTA：the Massachusetts Turnpike Authority）负责管理。项目初始，波士顿交通专员和MHD即商定了如下协议。

（1）建立联合统筹委员会（JCC：Joint Coordinating Committee），成员为城市交通、文化娱乐、治安、公用事业、紧急救护等部门的资深官员，负责监督项目的进度，发布信息、分配任务，为所有的利益相关人提供发言的论坛。

（2）制定出现意见分歧时的决议程序，联合统筹委员会（JCC）是裁决机构。虽然这明显超越了该委员会的权力范围，争论应当由司法机关解决，但当事人都逐渐默认了该委员会的决定。这一协议从一开始就为工程节约了大量用于打官司的资金和时间。

（3）在工程涉及的城市各部门设立专门服务于工程的岗位，并为此提供资金。根据工程进展的动态变化，部门可随时指派人员到岗位上去。

联合统筹委员会（JCC）的责任包括环保监督、工程设计问题、土地使用和房地产管理以及社区、邻里和商业的协调。随着以上条款的商定，在波士顿也成立了项目管理组。联合统筹委员会（JCC）在工程的交通协调和整体规划中的影响是巨大的，将城市管理者、高速公路部的官员和营建单位城市中心区交通设施更新实例——波士顿中央干道/隧道工程的代表组织到一起解决各类问题。波士顿的商业团体也对联合统筹委员会起到重要影响，主要是通过干道商业委员会（ABC：the Artery Business Committee）起作用。起初该委员会的任务是协助州政府向联邦政府争取工程的批准等，后来成为隧道工程和相关商业建设之间的重要纽带。

合作协议和联合统筹委员会（JCC）的存在，并没有影响其中每个部门的独立和权威，反而在合作中解决了许多分歧。例如，对于中央隧道在城市不同地区的出入口数量问题，各部门都有自己的立场。联邦公路局（The Federal Highway Administration）从州际公路投资的角度考虑，认为道路应更好地连接不同地区；波士

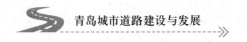

顿城市交通部门则更关注波士顿经济发展的前景，认为保证进出城市的交通顺畅更为重要。为此经过多次讨论，终于将问题在内部解决，不必诉诸法律，提高了效率。

（五）经验总结

波士顿的"大开挖"改造项目（CA/T）持续了15年，工程效果和积极影响已经逐渐显露。究其根本，"大开挖"改造工程是对原来道路建设的补救措施，一定程度上反映出城市规划者对于道路交通和城市发展的关系认识逐步深化，由此还引出了若干与其相关的城市问题的进一步研究。这充分表明，在城市发展与更新过程中，整合性的城市规划设计具有不可替代的作用。

纵观"大开挖"改造项目的整个发展过程，可以看到它不仅仅是单纯的道路重建项目，其带来的经验和教训是多方面的。

1. 城市交通和城市发展

该项目的起因是解决交通问题，这也是激发城市活力、促进城市环境改善的迫切要求。随着城市的发展，道路系统的完善和城市基础设施的更新是大势所趋，这也是世界许多城市面临的共同问题。由于道路交通对城市的影响深远且不易消除，因此应该充分认识到其重要性，在规划城之初就应全面审慎地考虑，以减少资源的浪费和决策的失误。

2. 解决道路问题的途径

用地下隧道代替高架路，可以节约地面空间，减少道路对城市的阻隔，从长远来看，是一种解决旧城被道路损毁、土地资源紧张等问题的重要途径。我国城市面临空间拥挤、保护旧城等复杂问题，在城市中心区特别是旧城区可以考虑此类建设，积极探索地下空间的利用。

3. 协调和合作经验

"大开挖"改造项目在市中心施工的方法以及相应的协调工作，难度高，波及范围广，因此，应充分发挥公众参与的作用，调动公众的热情，公众的支持是项目获得政府资金的重要因素。同时，在规模较大的城市更新项目中，各级政府和社会各部门的通力合作十分重要，既要意见统一，又要职权分明。

4. 重视工程质量

"大开挖"改造项目工期很长的背后跟美国人的做事态度认真严谨有关，之前的垃圾工程让波士顿人看到不能对城建掉以轻心。他们没有为赶时间而赶工期，把保证质量放在首位，这种真正的百年大计观念值得推崇。

第二节　构建城市与自然和谐的结合——以清溪川重建工程为例

一、清溪川的历史

清溪川是流经汉城中心区、横贯城市东西的人工河道．起着重要的城市排水作用。清溪川是首尔的历史、文化和市民日常生活中不可或缺的一部分。

清溪川属自然河川，长 10.92 km，宽 66 m，是首尔最大的城市河流，从西向东穿过首尔城市中心。四周环山的地理特点，使水流自然而然汇聚于首尔这座地势较为低平的都城中心。

清溪川是穿越市中心的城市河川，作为城市中心河，清溪川具有下水道功能。由于受季风的影响，在雨水较少的春秋两季，清溪川大部分时间成为干川；相反，在雨水较多的夏天，稍有降雨就会洪水泛滥。由于清溪川位于城市中心，周边商店和民宅密集，因此当洪水泛滥时，房屋被淹、桥梁被毁、溺死等现象时有发生。因此，历史上都很重视清溪川的疏通清理工作和防洪工程的建设。

在日本殖民统治时期（1910—1945 年），"开川"水系被通称为"清溪川"，清溪川在韩语中的意思是"清澈的山泉"。

1945 年解放之际，清溪川的河床被污泥和垃圾所覆盖，沿着河边胡乱支起的肮脏的木棚以及所排放的污水严重污染了河川。再加上战争结束之后，为维持生计而涌入首尔的难民中的许多人都聚居在清溪川边，他们中的一部分人在地上、一部分人在水上建起木棚艰难度日。沿着河边形成的肮脏木棚村和生活污水使清溪川加快了被污染的步伐，大量的污水流淌于市中心，其发出的恶臭令周边居民痛苦不堪，城市的整体形象也受到了损害。按照韩国当时的经济实力，解决清溪川问题的唯一方法就是覆盖。

图4.11　清溪川及两侧环境

　　1937年—1942年日本统治时期，清溪川在历史上第一次被回填，回填的范围自Gwanghamun至Gwang桥。在朝鲜独立期间（1945—1950年）和朝鲜战争期间，回填工程由于缺少资金而停滞。

图4.12　日占时期清溪川河道覆盖

　　对清溪川的全方位填埋于1958年启动，1961年完成。至此，全长几千米、宽16～54 m的清溪川流域被填埋了，并在其上浇筑了混凝土路面。1967—1976年间，整条河面的铺盖建设完工；一条长5.8 km、宽16 m的清溪川城市快速路建成，这也是一条新的高架道路，清溪川周边的木棚被拆除，建起了现代式样的商业建筑。

　　然而，高架桥的修建在提高城市交通运输能力的同时也带来许多问题，如汽车尾气以及扬起的灰尘对周边地区产生的严重污染，而且高架桥的巨大体量也破坏了首尔传统的街道结构，切断了城市中心区内部的联系。

图4.13　清溪川快速路1967—1976年修建

当历史的车轮进入 21 世纪后，韩国政府考虑到高架桥已经历了近 40 年的运行，多处混凝土处于老化状态，部分钢筋裸露，存在安全隐患，如要进行全面维修，需要巨大的资金投入。由于城市的快速发展，清溪川高架桥交通非常繁忙，已不能满足城市发展的需要，且 2/3 的车辆为穿城交通，排放大量的有害气体。

1988 年，首尔南部借韩国主办奥运会的契机，对汉江以南区域进行了大规模的建设，一个具有现代化设施的新的商业区在汉江以南形成。而位于汉江以北的清溪川两侧多为小商品店铺，相比之下南北存在巨大的差异。此外，历史上几次对清溪川的覆盖，已将广通古桥埋于地下，许多历史文化已逐渐被遗忘。如何缩小汉江南北差异，为清溪川的经济发展注入活力？如何抢救日渐遗忘的历史文化遗产？如何与环境友好相处，构建人水和谐的新清溪川？这些就成为韩国政府亟待解决的课题。

二、重建工程总体规划

为恢复清溪川长期内失去的自然面貌，再现首尔 600 年发展历史，2003 年 7 月 1 日，首尔市政府开始实施清溪川内河的生态恢复以及周边环境的改造工程。整个清溪川复兴改造工程历时两年多，拆除了 5.8 km 的清溪川路和覆盖在上面已经年久失修的高架桥，修建了滨水生态景观及休闲游憩空间，耗资 3 800 亿韩元（折合约 3.6 亿美元），该工程于 2005 年 6 月 1 日竣工。

在首尔 600 多年的城市发展历史，曾多次对清溪川进行改造。以前改造清溪川是为了消灭疾病、减少污染、改善城市交通等，从历次对清溪川改造后的效果上看，它已完成了其历史使命。现代经济的高度发展，使首尔迫切需要一座以人为本、环境友好的城市，而以往的清溪川远远不能满足这种必需。小小的清溪川，与韩国以及世界上其他众多河流的治理和建设规模是无法比拟的，但 3 600 亿韩元（约 3.6 亿美元）的投入以及清溪川在韩国重要的人文、生态地位，使得清溪川重建工程备受关注。

正因如此，韩国政府将概念设计思想引入清溪川重建工程。如拆除高架桥，彻底解决了安全隐患问题，使城市中心更加美观；将已覆盖了 40 余年的清溪川挖开，建设一条崭新的城市型自然河道，重新塑造一个人与自然和谐的城市河岸文化空间，从而彻底改变了城市面貌；利用城市外环线解决原有穿城的交通，把地下水道改建成城市型自然河道，从而改善市区的大气环境，并绿化城市；恢复清溪川的悠久历史文化，特别是恢复具有重要历史意义的古桥，建成河边城市文化，为市民提供一个在休闲之余欣赏历史文化的场所；为城市创造一个良好的生态环境，以提高其整体价值。总之一句话：让清溪川河水清洁起来、流动起来，恢复其本来的自然环境面貌。

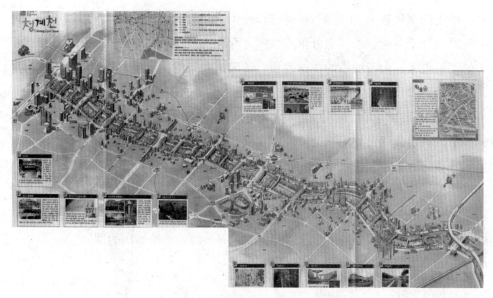

图4.14　清溪川改造总体工程平面图

　　在清溪川重建工程中，考虑到桥在朝鲜历史中的作用和意义，因此将桥梁的建设列为重要内容。该重建工程恢复了广通古桥并新建了13座桥。以长通桥、五间水桥（旧称五间水门）、永渡桥等古桥的名字重新命名了新建的桥。多数桥梁可以通过机动车，两边建有人行横道。

　　重建工程在广通古桥原址上恢复了该桥，对损坏或遗失的部件进行了修补。修建工作中，将桥建在河道的北侧，在正常水流条件下，水流从南侧河道通过，并在桥的下游设一水尺。在古桥的桥墩上用中文书写"庚晨地平"。在该桥的南侧设立了一块铜牌，用韩文和英文分别介绍了该桥的历史和文化。为保护这座历史古桥，禁止机动车辆通过该桥。

　　在新建的13座现代化桥梁中，有悬索桥、拱桥，有的采用弧形桥面，可谓造型各异、风格多变。每一座桥梁的两端都设立了铭牌，介绍该桥的基本参数，多数桥梁都有中文名称。在拆除旧高架

图4.15　清溪川改造桥梁总体布置图

桥时，建设者在河的下游段有意留了三个"残留"的高架桥墩，给后人以启示。

三、重建工程要点

（一）复原设计要点

（1）复原河川。河道长度较长，分为三段处理，并且赋予不同主题，由西向东分别对应的主题为历史、现在、未来。

（2）复原历史遗迹。对遗物留存可能性高的区域及堆积层保存完好区段的勘探调查，并采取保持原状处理方式。对于复原方案，征求如市政府、市民委员会、文化财产方面专家、市民团体等各方面意见后再确定。

（3）桥梁设计。桥梁是清溪川的特色，复原后的清溪川遍布了22座桥，分为人行桥和人车混行桥。桥梁设计中提出了三个标准：选择可最大限度疏通流水障碍的桥梁形式；清溪川桥梁的定位是文化与艺术相会的空间；建设成地方标志性建筑，使其成为具有造型美和艺术性的桥梁。

（4）景观设计。其重点是溪流两边的护堤空间，如鱼鸟栖息地的生态设计；步行道，便利设施和导游信息发布点的设计和布置；墙面壁画和一些地标设计。

（二）主要设计原则

（1）强调亲水性。修筑大量的亲水平台并且赋予一定的文化意象，有曲线形为主的，有根据"洗衣石"的方式设计的。同时，为解决地势西高东低的问题，设计者用多道跌水的方式处理高差。在较缓的下游河段，每两座桥之间设一道或两道跌水；在靠近上游较陡的河段处，两座桥之间采用多道跌水。

（2）强化堤岸空间的利用。修筑方便游人的步道和休息空间，以及墙面壁画。考察中还发现，一些桥下的空间巨大，可以用于展览等大型活动的使用；观水桥下，利用桥下空间光线较暗的特点，设置了电影广场；道路层面靠近河川两侧设置休闲空间（咖啡座等）。

（3）缓和堤岸坡度。较缓的堤岸坡度有利于堤岸空间的利用和亲水性的形成；同时强调生态保护——不仅是绿化的营造，而且考虑整个生态系统的恢复，如确保鱼类、两栖类、鸟类的栖息空间；栽种植物，为鸟类提供食物源；建造鱼道等，用作鱼类避难及产卵场所。

（三）交通疏导

清溪川工程的实施首先要解决的一个重要难题就是交通疏导问题，建于20世纪70年代的高架桥是双向汽车专用道，承载着大量东西方向的城市交通。

清溪川工程开始以前，很多首尔市民和民间利益团体都认为拆除高架桥将会使首尔市中心原本就拥堵不堪的交通状况更加糟糕。

政府在经过认真细致的交通调查、市民调查以及在对项目有可能对交通产生的影响进行评估的基础上，采取了相应的交通疏导以及限制措施：提供新道路，拓宽现有道路；交通分流，开设公共汽车专行道疏导市中心的交通；鼓励人们少使用私家车。

由于市民积极配合使用公共交通工具，交通只被延迟了10%，大大好于预期效果。因此，工程完工后虽然曾经一度出现过交通混乱的现象，但在短时间内就消失了，原来大家担心的交通灾难并没有发生。

图4.16　工程改造前后对比图

（四）水体复原及河道修复

在拆除了覆盖在清溪川水体上的路面结构以及路上的高架桥后，面临的主要是水体复原的问题。由于清溪川被覆盖在地下以后承载着排污的功能，因此为了保证水质的清洁，防止复原的水体重新被污染，建设了新的独立的污水系统，对原来流入清溪川的生活污水进行了隔离处理。

此外，还要解决水源的问题。没有水源，清溪川将常年处于干涸状态，但是如果全面恢复历史上的天然水系，由于涉及区域过大和造价过高，实施的可能性不大。

为了保证清溪川一年四季流水不断，最终采用三种方式向清溪川河道提供水源。主要的方式是抽取经处理的汉江水；第二种方式是取地下水和雨水，由专门设立的水处理厂提供；第三种方式是中水利用，但只作为应急条件下的供水方式。

重建的清溪川还要面临夏季洪水的考验，因此泄洪能力设计为可抵御200年一遇的洪水；建立了一个水文模型，利用河道的上游与下游有20米的落差控制水流的速度。河道整体设计为复式断面，分为2~3个台阶，人行道贴近水面，达到亲水的目的。中间台阶一般为河岸，最上面一个台阶即为永久车道路面。同时，为减少水的渗漏损失以及减少水渗透对两岸建筑物安全的威胁，设计中采用黏土与砾石混合的河底防渗层，厚1.6 m，在贴近河岸处修建一道厚40 cm的垂直防渗墙。

此外，河道整治注重营造生物栖息空间，增加生物的多样性。如建设湿地，确保鱼类、两栖类、鸟类的栖息空间，建设生态岸丘为鸟类提供食物源及休息场所，建造鱼道用作鱼类避难及产卵场所等。

图4.17　河道及水体建设后

（五）景观设计

景观设计理念：分段处理，历史与现代相结合。

清溪川与首尔的经济和政治活动紧密相连，从地理分布大致可分为三个区段。西部紧邻朝鲜王朝时期的皇宫，如景福宫、庆溪宫等，该地区建有多座宗庙和社稷坛等文化宗教活动场所，是现今韩国的政治、文化中心。中部为商业活动中心，包括穿过老城的东大门。这一区域在韩国历史上的经济活动中发挥了重要的作用，目前已成为韩国著名的小商品、各种工具、照明商品及服装和鞋帽市场，是市民和观光游客喜爱光顾的地方。东部在古代时期为小市民和贫苦人民居住的地方，与中部和西部相比，发展相对落后，目前已发展成为居民区和商业混合区。

据此，重建工程的设计者也将对河道的重塑分为三个区段：下游河段体现自然与简朴，没有过多的修饰和装点，使居住在城市中心的居民仍能找到回归大自然的感觉；中游段体现古典与自然的结合，为忙碌着的小商业者、购物者和旅游者提供了一个令人向往的休闲空间；上游段则体现现代化的首尔，以清溪川广场和颇具新意的瀑布设计与周边林立的高档写字楼相配，为人们畅想未来的首尔带来了无限的遐想空间。考虑到广通古桥原位于清溪川的西部上游端，设计者非常巧妙地利用了这座古桥作为"分界点"，让人们站在广通桥上，体会历史与现实的时空感。

为了给人们提供一个自然的河道和良好的亲水环境，设计者非常注重河道护岸的设计和对亲水环境的构建。在下游比较宽的河道段，两岸设计成近似天然河道的形式，河道顺势自然弯曲，有凸岸也有凹岸，并结合河岸坡度较缓的特点，为游人设计了散步的小路和休息的场所，其中间隔则布置了可以达到水边的亲水平台。中间河段逐渐变窄，河岸较陡，为了保证河岸的稳定性和能够经受较大洪水的冲刷，河岸南侧采用大块石的护岸方式，岸坡上种植了各类草本植物，而河岸的北岸则修建成连续的亲水平台，为孩子嬉水玩耍提供方便安全的环境。

（1）西段（上游）。这一区段历史上在朝鲜王朝时期是皇宫所在地，建有多座文化宗教活动场所，在这个地区居住的人们多是有身份的上等阶层人士；现在也是韩国的政治中心，政府首脑机构、市政厅、新闻中心、各大金融机构等大都云集于此。因此该段的设计主要体现现代化的首尔，建设主题是"开放的博物馆"。清溪川广场可以举办各种文化活动的露天广场，这段街道要拓宽到可供车辆和行人通行。在广场的尽端，沿河岸布置了一处由各种石头堆砌而成的假山瀑布。在设计上，该段的侧河道两岸均采用花岗岩石板铺砌成亲水平台，在灯光和造型上均呈现出了时尚和现代感。上游最前端设有一处高约 2 m 的跌水瀑布，水中透射出幻彩的灯光，瀑布台全部用黑色花岗岩砌筑成。现代化的楼宇结合不规则弧线形态的河岸，简洁明快的线与潺潺的河水再加上石材及素水泥的结合，高低错落的亲水护岸为人们构想未来的首尔带来了无限的遐想，增添了该地区现代化、科技化的品位。

（2）中段。河道中段区域是商业活动中心，这一带历史上居住着市井商人、中下等军人和中下层人士，在首尔历史上的经济活动中发挥了重要的作用；而现在成为著名的传统商品、服装及鞋帽等各种小商品市场，成为市民和观光游客喜爱和光顾的地方，因此该段的设计主要是体现古典与文化的结合。与其他施工段不同的是，这里要在确保可以安全抗洪的同时，保留现有的下水管道。这样做，河体就会变窄、变深。于是，一条天然河流从一侧流过，而一座双层的人行道在江的另一侧。这样的设计给人空间缩小的感觉，让人们容易接近和到达。特别是五间水桥之后的路段，延续了骆山的绿色空间，给动植物留下绿色地带。

（3）东段（下游）。这一段几条支流的合并扩大了整个河域，河水注入汉江，就会带来相应的自然景观变化。该施工段与一、二段中令人眩目的都市生活和热闹的交易市场相比，让人感到宁静平和。沿岸连续的野生植被和水生植物被保留下来，也加入了柳树湿地、浅滩和沼泽，以便留出足够的草地和将来供野生动物生存的空间。清溪川高速公路的3个高架桥墩被保留下来，提醒后代继续关注清溪川的变迁。

（六）桥梁设计

清溪川的沿途共有22座大大小小的桥梁。在朝鲜时代，清溪川上的桥是河道两岸政治经济和文化活动的中心。每到正月十五，人们都要来到清溪川做"踏桥"活动，以祈求新的一年一切顺利。人们还喜欢到清溪川上的桥上放风筝。桥的恢复重建，使这些古老的习俗和历史的记忆有了传承之地。

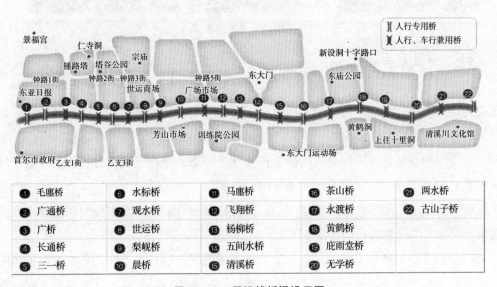

图4.18　工程沿线桥梁设置图

图4.19　工程沿线主要桥梁建成图

（七）建设启示

清溪川重建工程以2005年10月1日下午6点举行的庆典仪式宣告完工，并对公众正式开放。对这条小小河流的重建改造，首尔市政府和人民投入了的极大热情和智慧。而今，展现在世人面前的一条崭新的清溪川，带给我们什么样的启示呢？

清溪川的重建工作不仅是拆除高架桥、开挖河道、进行混凝土衬底和护岸这种简单的恢复河道的建设，而是根据河道穿过的市区特点、河道的地理和水力特性、改善生态环境的要求、回归自然、创建一个以人与自然和谐的休闲亲水环境和恢复重现清溪川历史为基本思想进行全面规划与设计。总结来看，主要启示如下。

（1）利于中心区生态环境的改善。清溪川的复兴改造极大地降低了原来首尔市中心由于高架桥所带来的噪声和空气污染，而且还减少了热岛效应；复兴改造工程注重营造生物栖息空间，重新营造的清溪川自然生态系统中已经有了包括鱼类在内的多种水生物及鸟类栖息。

（2）彰显城市传统文化和现代文明的结合。清溪川的复兴改造使得河川文化的复兴与周边的历史古迹和博物馆、美术馆等文化场所相结合，形成首尔的文化中心。

（3）促进城市内部的均衡发展。清溪川的复兴改造推动了江北城区的改造，工程还在建设期间，周边的房地产就开始升值，工程结束后，良好的生态环境和滨水空间环境对江北城区建设和改造产生了极大的拉动效应。

（4）推动环境友好的交通体系建设。城市交通从以疏散急剧增长的车流量为中心转变为大力推行公交系统改革；同时，复兴改造工程也带来首尔人观念的转变，即从以车为中心转为以人为中心。

清溪川的重建工程不是简单地恢复一条河道，而是以一种全新的理念，打造了一条具有历史水文化底蕴、生态环境友好型的、人与自然和谐的、充满经济发展活力的全新的清溪川。对这条河流的成功重建，给该地区乃至韩国带来了新的发展契机。

清溪川重建工程中，充分体现了五个和谐的结合。即将解决城市高架桥安全问题与重建清溪川结合起来；将满足城市河道基本功能与建设一条新型城市自然型河道的建设结合起来；将解决城市环境污染与造就一个生态环境友好的新型清溪川结合起来；将城市历史、水文化与现代文明结合起来；将地区商业发展与提高城市整体实力结合起来。

第三节　重现历史风貌重塑滨江功能——以上海外滩通道为例

外滩，上海的历史长廊，百余年来，一直作为上海的象征出现在世人面前。改革开放以后，整个上海开始进行脱胎换骨的变化。外滩是上海展现自我的第一张名片，曾历经繁华与沦落的变迁，为了及时地对老建筑进行保护和迎接世博会，如今急需改造。

1840年以后，上海作为五个通商口岸之一，对外开放。1845年英国殖民主义者抢占外滩，建立了英租界。1849年，法国殖民者也抢占外滩建立了法租界。自此至20世纪40年代初，外滩一直被英租界和法租界占据，并分别被叫作"英租界外滩"和"法兰西外滩"。租界俨然是一个主权区，西方列强以他们的方式经营、管理。建设租界，外滩就成了租界最早建设和最繁华之地。早期的外滩是一个对外贸易的中心，这里洋行林立，贸易繁荣。从19世纪后期开始，许多外资和华资银行在外滩建立，这里成了上海的"金融街"，又有"东方华尔街"之称。

于是，外滩就成了一块"风水宝地"。在外滩拥有一块土地，不仅是财富的象征，更是名誉的象征。商行、金融企业在外滩占有一席之地后，即大兴土木，营建公司大楼。外滩的建筑大多经过三次或三次以上的重建，各国建筑师在这里大显身手，使面积不算大的外滩集中了二十余幢不同时期、不同国家、不同风格的建筑，故外滩又有"万国建筑博览"之称。外滩是上海人心目中的骄傲，它向世人充分展示了上海的文化，以及将外来文明与本土文明有机糅合、创新、发展的卓越能力。

外滩历来是上海的旅游热点，除能观赏中外罕见的"万国建筑博览"外，还可领略外白渡桥与吴淞路闸桥的丰姿，黄浦公园的俊巧，防洪墙的设计匠心，以及大楼与江水交相辉映的胜景。浦江夜游更有一番情趣。加之这里交通发达，购物方便，历史典故丰富，旅游设施完备，使人流连忘返。

1870 年　　　　　　1880 年　　　　　　1890 年

1900 年　　　　　　1910 年　　　　　　1920 年

1930 年　　　　　　1940 年　　　　　　1950 年

图4.20　不同时期的外滩风貌

一、工程改造背景

外滩是上海的标志和象征，它汇聚了上海最优秀的近代建筑群，浓缩了上海百年来的发展和变迁。外滩是上海最具亮点的历史文化风貌保护区，中国历史最为悠久的CBD金融贸易区。外滩具有丰富的自然景观资源、江河交汇的滨水风光、从传统到现代的城市景观，形成了独特的都市景观体系。

外滩也是上海三纵三横骨架路网的组成部分，是重要的城市南北向交通走廊，承担了南北高架以东地区过苏州河交通的50%，其中过境交通约占70%，小车比例在85%以上。目前外滩地面道路宽37 m双向十～十一条车道，昊淞路闸桥高达7 m。大容量大断面的交通割裂了东侧滨江绿带和西侧CBD商务区，割裂了外滩的空间和活动，改变了地区的历史风貌，影响了西侧建筑的功能置换和东侧滨水地区旅游景观文化资源的充分开发，制约了地区的功能更新和发展。高达7 m的昊淞路闸桥也对地区的风貌和环境都造成了一定的负面影响。

如何解决交通走廊与风貌保护、功能更新之间的矛盾，是外滩地区发展急待解决的问题。分离外滩过境交通、弱化外滩地面交通，是实现外滩功能发展、风貌保护和交通走廊均衡发展的关键。

CBD核心区井字形通道方案是适应CBD核心区发展，加强区域内部交通联系，提高交通辐射力的道路系统优化方案的总称。外滩通道是"井"字形通道的重要组成部分。

二、总体规划方案

结合上海CBD核心区开发和功能发展的要求，在现有城市路网的基础上，通过兴建全封闭或半封闭的专用通道及越江隧道，分离过境交通，便捷到发交通，改善区域交通，提出了"井"字形通道构想，从而在核心区构建一体化交通。

井字形通道是适应CBD地区发展，加强区域内部交通联系，提高交通辐射能力的道路系统优化方案总称。可概括为："4+2+2"方案，如图4.21所示。

"4"——指服务于核心区到发和过境交通的4条全封闭或半封闭通道，即：东西通道、南北通道、外滩通道、北横通道。

第一个"2"——指联系核心区交通的2条越江通道，即：人民路隧道、新建路隧道。

第二个"2"——指梳理浦东、浦西2个核心区域的交通组织，以及相关的配套工程。

三、工程方案设计

图4.21 "井"字形路网总体布局图

外滩通道是"井"字形通道的重要组成部分，是外滩地区综合改造的重点工程。通道按城市主干路标准设计，服务于城市中小型客车，通道净空3.2 m。通道采用单管双层双向多点进出的总体布置，与城市骨干路网相连，分流外滩的过境交通、外滩地面通行到发交通和公交。

外滩通道按城市主干路标准建设，计算行车速度 40 km/h，净空 3.2 m。外滩通道南起中山东二路老太平路口，沿中山东路、外滩向北穿过苏州河，最后止于吴淞路海宁路口北侧，空长约 33 km。通道设置延安路匝道与延哥路高泉外滩匝道相连，并服务于外滩地区到发交通，设置长活路匝道连接北外滩地区，服务北外滩地区到发交通。延安路高架主线将通过延哥路隧道与浦东东西通道相连。

从延安路到长治路，外滩通道主线规模为单向六车道，其余路段为双向四车道。通道基本采用单管双层布置。上层由南向北，下层由北向南，集约化利用地下空间资源。单管破层多点进出的双向六车道小车通道在国内尚属首创。外滩地面道路规模将由原来的双向十一车道缩减为双向四车道，并在道路两侧设置临时停车带，服务岔交和地区到发交通。届时现有吴淞路闸桥将被拆除，地面过苏州河交通将从外白渡桥和连簧路匝道到达外滩。

图4.22　外滩改造工程主要节点方案

四、专业设计特点

工程包括地下道路建设、地面道路、市政管线改造、外白渡桥保护、延安路高架改造等内容。工程各主要方面具有以下设计特点。

（一）总体方案

通道南起东门路南侧老太平路，沿外滩从外白渡桥下方穿越苏州河，沿东大名路、吴淞路到海宁路，全长 3 290.54 m。外滩地区设置延安路匝道相连延安路高架并服务于外滩到发交通，设长治路匝道服务北外滩地区。延安路—长治路，通道规模为机动车双向六车道，其余路段为机动车双向四车道。外滩地面道路规模将由原来的双向十一车道缩减为机动车双向四车道，并在道路两侧设置临时停车带，服务公交和地区到发交通。

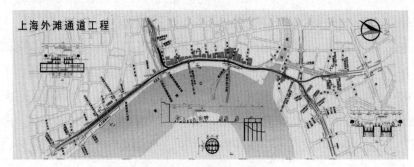

图4.23　工程总体方案图

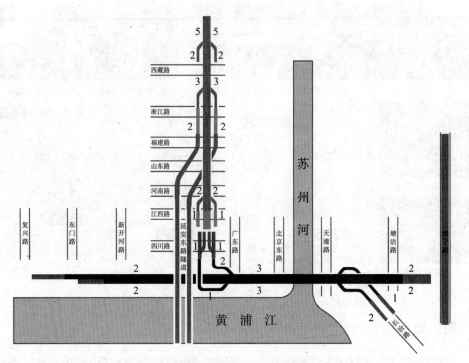

图4.24　工程总体匝道及车道平面布置简易图

金陵路以北，外滩通道采用单管双层布置，上层由南向北，下层由北向南。新开河以南，结合十六铺地下空间开发同步建设，地下一层布置外滩通道，地下二层是人行联通通道和配套商业服务设施，地下三层是地下停车场。

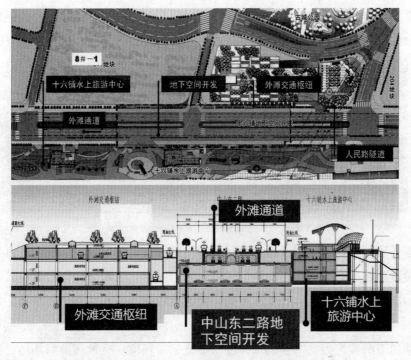

图4.25　国内首次将地下道路建设与地下空间开发相结合

　　从福州路—天潼路，外滩通道采用盾构形式（直径14.27 m），隧道外直径13.95 m，盾构段长1 098 m，工作井分别设在福州路南侧和天潼路南侧（出发井）。其余路段采用箱形断面布置。主线最大纵坡5%，匝道最大纵坡6.9%。

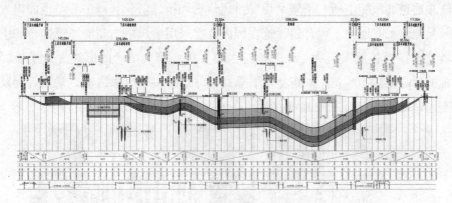

图4.26　工程总体竖向布置图

　　同步改建延安路高架河南路以东段。改建后高架跨过江西路在溪口路和四川路之间转入地下，保证江西路和四川路通行，并设置出入口满足外滩地区上下延安路高架和进出外滩通道的需求。拆除吴淞路闸桥，在保持建筑风貌不变的前提下，对外白渡桥进行保护和加固，实现这座百年老桥的结构更新。外白渡桥采用上部船移大修、下部原位拆建的"移桥复建法"方案。设计荷载等级由H–15（英）提高至汽–15，设计使用寿命由原来的50年延长至150年；外观"修旧如旧"，继续承担城市名片功能。

图4.27　建设过程与改造后的外白渡桥

外滩通道利用地下空间分离过境交通，使城市骨干交通更为可靠，地方交通更为便捷。使被割裂的滨水地区与西侧街区重新融为一起，地面空间作为城市公共活动和文化展示场所，回归市民。外滩通道的实施为重现外滩风貌、重塑外滩功能创造了良好条件。

外滩通道的实施为世博会的举办提供了良好的环境、交通和游憩场所，体现了城市功能、环境与交通和谐发展的方向，是对"城市使生活更美好"的世博理念的最好诠释，取得了良好的社会、经济和环境效益，受到了各界的广泛赞誉。

（二）建筑景观

1. 北段风井、管理中心与150地块工程合建

外滩通道北段变电所、消防泵房、排风机房和排风塔、管理中心与地面出入口与虹口区吴淞路150地块工程合建。这在国内首次采用了风塔与高层建筑结合的手法，将风塔置于城投控股大厦中心，采用与大厦"核心筒"结合的形式上升至顶部后排放，排放口高度约105 m。该新型风塔形式很好地解决了风塔占地、景观等问题，且其高度远超环保要求的25 m最低高度，在国内城市隧道建设中尚属首创。

图4.28　风井与现有建筑相结合、与地块开发相结合的方案

2.南段风塔利用废弃新永安泵站

南段风塔位于外滩风貌延伸区，选址异常困难。风塔设置利用废弃新永安路泵房，建筑采用新古典主义风格，与周边环境融为一体。

图4.29　废弃的新永安泵站改造为风塔

3.隧道景观设计

外滩风貌建筑群汇聚了上海滩最为经典的百年老建筑、浦江、陆家嘴金融区现代建筑群。考虑到外滩通道建设的核心思想是将地面交通功能转到地下，将外滩地区释放给绿化、游人、绿色交通和景观，因此在隧道建筑装修中采用了低调、协调的设计风格。

低调：隧道出入口以"隐"为设计理念，力图不影响道路两侧人群的视线，不再加设出入口顶棚；引道段栏杆与绿化结合设置，避免突兀感。

协调：隧道出入口装修设计在老建筑群的立面上寻找灵感，试图营造协调的氛围；设计截取老建筑的ART DECO符号，以米黄色和深灰色与老建筑呼应；敞开段亦运用了较多浮雕元素，增添复古气息。

交通建筑：隧道的内部装修运用了新型材料和设计手法。装修采用自上而下逐渐变深的白色、浅蓝、深蓝色搪瓷钢板，表现流水质感。瓷面侧墙光泽细腻，块面划分简洁有力。在隧道中段增设图案段两处，以跳跃变化、与车辆行进视线等高的线性LED灯，在蓝—白渐变中表达"速度与变化"的主题。

图4.30　隧道内部亮化设计

4. 圆隧道横断面设计

外滩通道工程圆隧道外径 13.95 m，在国内首次采用单管双层六车道横断面，空间布局紧凑。其设计在盾构法圆形隧道的空间利用方面有了全新突破。

圆隧道建筑限界根据其功能定位、交通状况等因素确定：单车道宽度 3.0 m，高度 3.2 m，车速 40 km/h 情况下侧向净宽 0.5 m。建筑限界总尺寸为 10.0 m × 3.2 m，该限界尺寸满足了小型车、轻型车的通行标准（外滩通道行车限高 3.0 m），保证了安全性。

除隧道内常规设备布置外，圆隧道下层设置侧式壁龛以最大限度节省空间，侧式风机壁龛深 0.28 m，纵向长约 13.20 m。

图4.31　圆隧道横断面设计

（三）结构、防水

1. 圆隧道

圆隧道标准段采用外径 13.95 m、内径 12.75 m、厚 60 cm、C60 的单层钢筋砼衬砌。衬砌环为通用衬砌环，环间采用错缝拼装。环宽 2.0 m，全环由封顶块、邻接块、标准块等共 9 块管片构成，环面、纵缝面均设有凸台，并以螺栓连接。在进出洞位置及上下层疏散楼梯位置设有带剪力销的特殊衬砌环。为确保疏散楼梯的空间，疏散楼梯处布置钢管片加钢筋混凝土管片的特殊衬砌环。

圆隧道内部上层车道板为厚度约 500 mm 的现浇钢筋混凝土结构，车道板边梁与立柱间固结，立柱内钢筋与植入管片的钢筋焊接牢固，支承于管片上，整个体系为框架结构。下层车道板为"口"形预制钢筋砼结构结合两侧回填 C30 混凝土，在线路最低点其下还设有内置式的废水泵房。

作为国内第一次采用的 Φ14.27 m 大直径土压平衡盾构机衬砌结构设计，要在外滩历史文化风貌保护区和黄浦江的夹缝下穿行而过，沿途多为浅覆土，近距离穿越浦江饭店、上海大厦、外白渡桥、外滩万国建筑博览群、地铁 2 号线区间、南京东路人行地道等建构筑物的最小净距仅为 1.5 m，如何有针对性地提出技术方案保证这些重要建构筑物的安全是工程最大的难点。为此开展的"外滩通道设计关键技术研究"科研课题，通过可靠的分析研究，在工程实施阶段制订了如设置隔离桩、隧道内部局部压重等一系列安全、合理、经济的工程技术措施，沿线保护建筑施工期的附加沉降及倾斜监测值均小于保护要求，确保了上述重要建构筑物的安全。

衬砌接缝采用三元乙丙橡胶为材质的弹性橡胶密封垫和遇水膨胀橡胶为材质的挡水条形成双道防水线。同时，通过有限元计算分析与室内试验相结合的方法改进了密封垫的构造形式，达到在 0.8 MPa 水压（约相当于圆隧道最大埋深处的 2 倍水压）、接缝张开 8 mm、错缝 6 mm 情况下，不渗漏的要求。

挡水条设置于弹性橡胶密封垫的外侧，可阻挡泥沙直接作用于密封垫本体，确保密封垫的耐久性使用要求，同时兼起辅助防水的功效。

隧道内所有手孔均采用丙烯酸乳液防腐蚀砂浆充填。对衬砌的环、纵缝进行整环嵌缝施工，嵌缝材料为聚合物水泥防水砂浆或高模量聚氨酯密封胶。上述措施确保了螺栓的耐久性使用要求。

采用高效减水剂、掺加优质磨细粉煤灰，配制以抗裂、耐久为特点的高性能防水管片混凝土，使其抗渗等级达到 P12。同时，对管片混凝土取样测试其氯离子扩散系数（采用 RCM 法），要求氯离子扩散系数 $\leqslant 3 \times 10^{-12}$ m^2/s，进一步确保混凝土结构的耐久性。

2. 工作井

天潼路、福州路工作井，在施工阶段分别为盾构的始发和接收井，其平面尺寸均为 22 m × 22.5 m；底板埋深 26.62 m 和 26.41 m。使用阶段井内除设有两层车道板外，还设有废水泵房、通风机房和电缆通道等。

图4.32　工程工作井布置图

工作井均采用围护结构内的明挖施工。综合考虑工作井的埋深、平面尺寸、所处的地质条件和周边的环境条件，围护结构采用 1 200 mm 厚地下连续墙，支撑体系采用五道钢筋混凝土支撑+抽条旋喷地基加固，确保周边环境的安全。

3. 矩形隧道段

矩形隧道段包括上、下层车道暗埋段、引道段。根据工程环境条件，主线、匝道段基坑变形控制保护等级分别为一级、二级；分别选用 1 000 mm ~ 600 mm 地下连续墙，水泥土搅拌桩内插型钢做围护，基坑采用明挖法施工。

（1）12 号线节点。规划地铁 12 号线区间盾构与外滩通道交汇于峨嵋路天潼路区段，该区段内通道为地下二层箱型结构，采用地下连续墙作为围护结构，结构底板埋深 16.8 ~ 18 m。规划地铁 12 号线区间下穿外滩通道，结构顶埋深约 27 m。为确保地铁 12 号线盾构后期穿越的建设条件，穿越段采用 1 m 厚的地下墙，墙趾位于盾构顶上方 0.5 m，坑底以下墙体长度仅 4 ~ 5 m，插入比约 0.25。为保证围护结构受力体系的可靠性，在坑底以下每幅地下墙中间横向设置短地下墙，以约束地下墙向坑内方向的水平位移，并于基坑外侧设置 31 m 长 Φ1 000 型钢水泥土搅拌桩，以确保开挖期间满足基坑抗隆起、抗管涌等要求。完成主体结构施工后拔除型钢，为盾构穿越提供条件。

（2）跨越延安路隧道节点。外滩通道在中山东二路与延安东路交口处上跨延安东路隧道，本段外滩通道结构为双层单跨钢筋混凝土箱涵结构，基坑宽度约为 11 m，深度约为 10.7 m。延安路隧道南北线隧道外径 11.0 m，距外滩通道基坑底距离分别为 6.9 m、5.1 m。本节点为控制大直径盾构隧道变形，采用了钻孔咬合桩围护、盾构隧道上方及两侧土体加固、结合封堵墙设置抗拔桩与底板形成门式抗浮体系等措施，并按照"时空效应"理论，将本节点合理划分为多个区段，采取了分段进行施工抽条开挖、及时压载等方案，保证了外滩通道施工中延安东路隧道的交通与结构安全。

（3）外滩历史建筑群保护。外滩通道在延安东路至福州路间紧临外滩风貌建筑群穿越，本段基坑深度为 12 ~ 22 m，距保护建筑距离为 8 ~ 18 m，各保护建筑均为 20 世纪初期建成，为历史保护建筑。设计中合理划分施工区域，采取加大围护结构与支撑刚度、合理进行坑底加固、采取基坑外跟踪注浆等手段，将保护建筑变形控制在合理范围内，保证了通道与周边建筑安全。

（4）地下空间开发节点。外滩通道里程在新开河路与龙潭路段，结合中山东二路地下空间开发项目共同实施，本段工程为地下三层箱型结构，宽度约为 54 m，长约 246 m，深度约为 5 m。本段工程东侧十六铺水上旅游为地下三层结构，基坑深度约为 13.8 m，与本工程共用地下连续墙；西侧外滩枢纽亦为地下三层结构，基坑深度约为 8 m，同样与本工程共用地下连续墙。三工程基本同期施工，在外滩通道工程设计中，与相邻工程紧密结合，针对各工程施工工况进行分析，采取了可靠的支护措施，并结合分析结果对相邻工程提出局部加强要求，确保了各工程的施工安全。

图4.33　地下空间人行通道和顶部天窗

结合外滩通道建设开发利用地下空间布置人行通道和服务设施，天光从分离的外滩上下行通道之间射入地下空间，改善环境，节约照明费用。

（四）设备系统

1. 通风系统

外滩隧道是上海外滩交通综合改造的主体工程，它主要将原来位于地面的城市主干道——中山路的部分车道设置于地下，将地面空间还绿于民，这在上海市是一种新型的城市地下空间形式。隧道通风系统采用目前越江隧道主流的射流风机诱导型纵向通风方式，并在南、北两端各设一座风塔高空排出废气。

通风系统的复杂程度体现在，虽然隧道只有一个盾构孔，却有四对出入口：东门口出入口、延安路出入口、东长治路出入口和吴淞路出入口；每对各有1个出口和1个入口，共8个出入口。

此外，隧道采用自然通风与机械通风结合的方式：南向北车道全隧道采用机械通风（射流风机诱导型纵向通风）；北向南车道北段2.1 km为机械通风（射流风机诱导型纵向通风），东门路出口约0.9 km为自然通风。自然通风口设于隧道侧墙，开口面积与道路面积之比约为6∶100。自然通风的采用，既很好地解决了南风塔选址的难题，又节能环保。

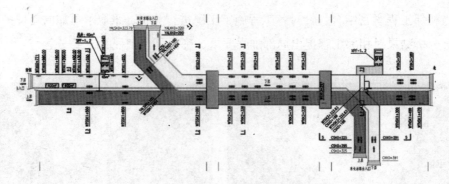

图4.34　工程通风系统设置图

结合外滩通道建设综合开发地下空间。外滩通道采用分离式断面，侧向开敞通风排烟，降低运行费用，引入自然光改善环境，同时也降低照明费用。

图4.35　十六铺外滩通侧向开敞断面

2. 消防系统

消防系统由消火栓系统、泡沫—水喷雾联用灭火系统、灭火器组成。消火栓系统由浦东、浦西工作井内消防泵房的消火栓泵供水，消火栓总管形成环网，隧道上、下层每隔45 m设置一只消火栓箱。

泡沫—水喷雾联用灭火系统自天潼路、福州路消防泵房内的水喷雾泵组各引出两根DN200消防总管及一根DN65泡沫管。两车道每组长度为35 m，设有7只远近射程组合喷头；三车道每组长度为25 m，设有5只远近射程组合喷头。每组泡沫—水喷雾联用灭火系统均由雨淋阀附带手动操作阀同时控制，消防时任意相邻两组同时作用。火灾时系统前期喷射3%浓度的水成膜泡沫30分钟灭火，后期喷射水雾防止复燃。

在每条通道的两侧交错布置，单侧间距100 m均设置灭火器箱一只，整条隧道共设灭火器135组。每组箱内设5 kg装磷酸铵盐干粉灭火器4具。完备的消防系统设置，保证了火灾工况下的人员和结构安全。

3. 监控系统

综合监控系统由交通监控、设备监控、闭路电视监控、有线电话、无线通信、广播、火灾报警、中央计算机网络、弱电电源及接地等分系统组成，各分系统在中央计算机系统的协调控制下相互联动，完成日常及紧急情况下对通道的综合管理。

交通监控系统通过多级信息联网发布手段，对车辆进行实时诱导，确保隧道交通的有序畅通。同时，系统接入快速路监控中心统一协调管理，共享快速路相关区域的交通信息。

设备监控系统监测机电设备的电源状态、运行状态，按工艺要求实现中央手动、自动控制，采集设备的故障信号，在中控室显示和报警。当发生火灾时，设备监控系统按火灾模式完成对通风设备的联动控制。火灾消除后，系统转为正常运行模式。

闭路电视监控系统实现全隧道无盲点监视，系统参与火灾报警、交通监控等相关系统的联动，同时，外滩通道监控中心向快速路监控中心、交警分别提供8路可切换的视频图像，共享图像资源，并为路灯所专用的控制室提供视频图像接口。

有线广播系统具有有线与无线两种广播方式，系统日常进行业务管理广播，当隧道内发生火灾、阻塞、交通事故等紧急情况时，可通过本系统对隧道相关区域人员发布指令、通知，进行人员、车辆调度和疏散引导等工作。有线电话系统隧道内间隔100 m设置热线紧急电话，在重要设备用房内设置具有延时热线功能的紧急电话和公务电话。无线通信系统由隧道专用调度通信系统、消防本地转发系统（3信道）、公安及消防常规无线通信系统、公安集群无线通信系统和调频广播系统组成。通过调频广播发射机可对隧道内来往车辆驾驶员播放调频广播，紧急情况下可插播隧道信息、紧急通知等。

火灾报警系统分别采用双波长火焰探测器、线型感温电缆、智能烟感探测器、手动报警按钮、警铃、火灾区域显示盘、火灾报警主机等组成。

外滩隧道中央控制室设置于北段隧道管理大楼内，与其他多条隧道实现多合一管理模式，既节约了资源，又提高了综合处置能力和管理效率。

（五）桥梁

外滩通道桥梁工程设计内容包括外白渡桥保护及结构更新、延安东路高架东段改建、东长治路桥、吴淞路海宁路人行天桥改建、福州路临时人行天桥、吴淞路闸桥拆除等项。

1. 外白渡桥保护及结构更新

外白渡桥工程完成了外白渡桥百年大修，达到功能与历史文物的完美统一，取得了良好的经济与社会效益。主要技术特点如下。

（1）将"文物与功能"并重的设计理念运用于外白渡桥工程中，制订并成功实施了上部船移大修、下部原位拆建的"移桥法"方案，将设计荷载等级由H-15（英）提高至汽-15，设计使用寿命由原50年延长至150年；外观"修旧如旧"，继续承担城市名片功能。

（2）设计了狭窄水域下大尺度、大吨位钢桁架桥浮力顶升及移运工艺，成功地在苏州河口复杂环境下，对长52.178 m、宽18.85 m、高9.8 m，重达510 t的钢桁架完成了顶升、转体、移运、吊装等多项动作，确保了百年文物移运过程完好无损。

（3）通过对老桥钢结构进行病害检测，采样试验，最后基于疲劳损伤和断裂力学方法评估老钢桥剩余使用寿命的理论与方法，完成了钢桁架检测与评定，确定结构加固及更换原则，为超期服役钢桁架桥的加固设计提供依据。

（4）采用全套铆接老钢桁架桥构件更换、铆接、加固、矫正、修整、涂装、监测等项大修工艺，完成了外白渡桥钢桁架大修工作，以验收标准为依据进行了上部结构的施工验收。

（5）按软土地区大直径土压平衡盾构从桥底纵向穿越托换墩基的设计方法，保证了隧道盾构成功穿越外白渡桥墩台。按复合围护体系的设计方法、施工工艺及监测方法进行南北桥台围护设计与施工，确保了俄领馆等重要保护建筑的安全。

（6）综合采用测量、文保、木材处理等多项特殊工艺，保证了老桥改建效果。

（7）老钢桥荷载试验验证了保护后桥梁使用性能。该设计方法为解决我国目前大规模城市建设进程中的优秀历史建筑保护难题开拓了一条全新的思路。关于老钢桥评估、修缮、验收等成果，为我国面临大量老旧钢桥维修提供了借鉴。关于盾构穿越及围护设计方法，对城市轨道交通建设中类似问题提供了成功范例。

2. 延安东路高架改建工程

在拆除原"亚洲第一弯"的基础上，采用6跨连续钢箱梁的匝道结构形式，较好地满足高架与地道及地面道路的接线需求。

3. 东长治路桥工程

该工程为跨虹口港的单跨简支板梁斜交结构，桥宽40 m，上部结构采用空心板梁，跨径约为23.4 m，梁高为0.9 m；下部结构采用钢筋砼桥台。新建桥梁按双幅设计，南侧桥台需斜跨12号线双圆盾构，施加了横向预应力。

4. 吴淞路海宁路人行天桥改建工程

根据吴淞路拓宽的需要，原结构主桥、B扶梯、C扶梯保留，A、D扶梯拆除重建，并与主桥连接。为了与原结构保持一致，新建扶梯的构造形式参照原钢结构进行设计，立柱、卧梁基础均采用扩大基础，并设橡胶支座。

（六）排水

排水工程主要研究对象为受其建设影响的排水系统，在寻求最佳改造方案的同时，结合路网改造，梳理整合低标准排水系统，以支撑和保证外滩通道工程的顺利实施。

外滩通道工程沿线由北向南分属武进、大名、江西中、延安东、新开河和复兴东等现状排水系统，涉及4座待废除的老泵站和2座待建的新泵站。通道开挖施工段对沿线排水系统影响较大，沿线地下障碍物及管线情况错综复杂，周边数十项重大工程在建。结合新老泵站的建设和废除周期，逐根管道进行分析，提出翻建、改建、保留、废除等不同针对性方案，利于工程建设进度的推进，利于使用和管理。

外滩通道南段涉及3座老泵站废除和1座泵站新建，新泵站建成与老泵站废除存在7个月工期的时间差。常规工程的施工临排方案一般由施工单位负责编制实施，但是由于本工程处于外滩中心地带，环境和地理位置特殊，社会影响深远，其临排方案复杂，涉及中心城区多个排水系统及泵站，周边涉及数十项市在建工程，因此指挥部牵头并联合设计院、施工单位、运营管理单位等共同编制了该方案。临排方案的编制与施工进度安排、交通、管线等有密切关系，不但要收集大量周边在建工程的实施和进度安排情况，排摸多个排水系统的管道现状，还要调查走访周边系统泵站实际运行状况，对现有水泵的扬程、流量和管网能力进行详细核算。打破常规设计思路，理论与实际相结合，结合本工程与相关工程的进度，在安全的前提下充分利用已建设施，最大限度减少了临泵的投资。2009年5月，临排方案通过水务局评审后实施，整个外滩工地安全渡过2009年的非常汛期。

第五章

≪ BIM技术的应用

BIM（Building Information Modeling）即建筑信息模型技术，指的是包含建筑物全部信息的模型系统，在建筑物设计、建造、维护、管理的全生命周期发挥作用。作为新一代设计理念和技术，其已被国外诸多著名的建筑、结构、施工公司在项目中成功应用，是设计行业继计算机辅助设计（CAD）后的第二次设计革命。

BIM的概念和过程已经存在将近40年，但直到2002年创立Revit软件的公司被Autodesk公司收购后，BIM才被应用于商业产品中。2002年后，BIM技术逐渐被国内设计行业所接触，并得到了持续的关注。近年来，BIM在建筑设计、机械设计、市政基础设施、地铁、水厂等行业的应用越来越深入，市政路桥隧也进行了积极尝试并取得了一定的成果。

市政快速路具有系统复杂、建设周期紧、面广量大、运营周期长、安全需求高等特点。随着对工程建设和运营要求的不断提高，传统的二维平面已很难满足其设计要求，因此需要引入新的科技手段来解决这一问题。众所周知，在市政快速路建设的过程中，普遍存在着不合理压缩项目设计周期的现象，这就使得市政快速路建设的质量与周期成为业内极为关注的话题。在CAD的传统快速路设计工作中，由于各专业二维图纸设计存在一定的独立性，使得碰撞检查较难进行。此外，市政快速路项目会涉及个专业，各专业之间信息传递和转换的不对称现象时有发生。为了尽可能减少因设计不合理而导致的施工反复、资源浪费现象，亟待将BIM技术引入快速路的项目设计中。

工程建设企业信息系统的普及推广和基于网络协同工作等新技术在工程中的应用，也推进了BIM技术的发展。BIM三维技术的应用为工程建设全生命周期的各种决策及多方协同提供了数字化基础，可实现市政工程设计阶段数据管理的协同共享。BIM技术的应用，对实现工程全生命期信息的有效管理和共享具有重要意义。目前来看，受限于技术发展的现状和设计人员掌握BIM技术的程度，在设计领域，二维

CAD设计与三维BIM设计交叉重复现象比较严重，在三维环境下直接开展BIM正向设计研究还较缺乏。因此，在市政快速路设计阶段推广BIM技术的正向设计具有一定的前瞻性。

BIM技术在道路、桥梁、隧道设计方面的应用能对道路桥梁物理特点和功能进行强化，促进道路桥梁使用寿命的延长。因此，在路桥隧的设计方面，需要加强对BIM技术的合理应用，促进设计工作的优化发展，为道路桥梁设计工作的优化开展提供良好的支持。

第一节 BIM设计的特点及应用

一、BIM在路桥隧设计优化应用中的特点与作用

将BIM理念和地理设计思想应用到道路设计过程中，结合先进的三维地理信息技术，提升设计的科学性。和传统的CAD道路设计软件相比，其具有以下特点：基于BIM的面向对象参数化建模，实现道路设计信息和模型的统一，实现道路快速模拟与调整；实现在BIM模型框架下的场地、交通、照明的协同设计，减少方案冲突，提高设计效率；结合三维地理信息展现和分析技术，实现在道路BIM基础上的项目策划、成本估算和施工过程模拟；实现设计方案的交互式调整和实时模拟、分析以及可视化和量化的分析成果指导方案的优化；实现在道路BIM基础上的项目决策、施工模拟、交通仿真和道路信息管理等项目管理功能。

（一）BIM技术可以提供准确的技术支持与数据支撑

BIM技术具有的典型特点之一就是可视化与较高的精确协调性，它往往可以在道路桥梁存在较大起伏的时候准确地估算出道路的工程量，还可以将传统过时的二维设计转化为与时俱进的三维立体设计，这都使得设计中的各个构成部件之间形成一种互动的联系，也促使着BIM技术在我国的道路桥梁设计应用中有着广阔的市场前景。

此外，BIM技术之所以能够提供准确的技术支持与数据支撑，就在于它可以利用虚拟仿真技术，在优化升级道路桥梁施工方案的同时还能确保绿色施工，方便工程中准确的使用与查询，在提供指导依据的同时反馈出科学客观的工程信息数据。总之，BIM技术在道路桥梁设计优化中有着广泛的应用。

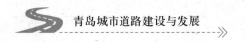
（二）BIM技术能最大化地提高施工质量，实现集约化管理

BIM技术的另一突出特点就是拥有先进的表达设计理念与显著的模拟分析能力，有利于直观清晰地了解城市道路桥梁中的潜在问题，并进行及时有效的反馈以对设计方案进行论证与调整。

再者，BIM技术能够通过模拟系统来完美地呈现出各个部分的构建，还可以辅助以必要的自定义参数来解决道路桥梁设计中遇到的烦琐复杂的难题。提高施工质量与实现集约化管理可以有效地减少由于交流不当而带来的麻烦，还能精准地为下一步的计划做出有利的规划指导。在道路桥梁设计应用中，BIM技术可以从整体上增强提高施工效率与质量，最大化地节约工程成本与防治后期的返工，详细全面地呈现出工程的空间信息。

（三）优化道路桥梁的施工模拟且完善数据统计

一方面，就优化施工模拟与改进施工技术来说，这是在充分利用BIM技术的基础上而检测道路桥梁的施工方案与设计方案，BIM技术还在深入考察研究各个不同区域道路桥梁的实际情况下进行不断的改革创新，在严格遵循"与时俱进，开拓创新"的原则上优化施工模拟，制订出更加完善科学的道路桥梁施工方案；另一方面，就完善数据统计与及时沟通交流来讲，BIM技术在道路桥梁设计优化方面的应用要坚决避免出现交流不当导致的经济损失，这里面涵盖着丰富的信息数据资料，及时有效地对道路桥梁在各个施工阶段的运营状况做出分析比较可以弥补漏洞与差错，还可以采取的方式就是建立健全完善的信息管理平台。

（四）创新协同化的工作模式，提升道路桥梁的设计质量与成本控制力度

近年来，BIM技术正逐步从建筑行业转向到道路桥梁设计优化领域中去，一般情况下，道路桥梁的工程结构形式更加趋于复杂多样化且技术要求水准都普遍比较高，这就给BIM技术提出了更高的要求与挑战，要不断地创新协同化的工作模式，提升道路桥梁的设计质量与成本控制力度。基础的就是构建好临时设施、桥梁构件、场地部件及施工机械等各个方面所需要的BIM模型，还可以直接生成施工图纸与最大化提升设计质量，兼顾好各种道路桥梁的材料报表。BIM技术模型的运用不仅有利于业主控制成本与减少不必要的资金损耗，还有利于促进道路桥梁工程朝着优良产业化的方向迈进。

二、BIM技术在路桥隧设计方面的具体应用

在对BIM技术的特点和优势形成明确认识的基础上，为了促进道路桥梁设计工作的稳定发展、形成更为科学的设计模式，在实际设计工作中，应结合实际情况对BIM

技术的应用进行分析，确保基于BIM技术的应用能促进道路桥梁设计工作真正实现优化发展，支撑道路桥梁工程的稳定运行。

（一）在工程设计数据支持方面应用BIM技术

在道路桥梁设计工作中，结合具体的设计需求，可以将BIM技术应用到技术支持和数据支持方面，在整合相关数据的基础上切实提高道路桥梁设计工作的实际效果。在具体应用方面，要明确认识到道路桥梁工程设计方面可能会遇到方案设计过程中存在较大起伏工程量的问题。此时，将BIM技术应用其中，就能对工程量的数值进行准确评估，并且将平面设计图纸转变为三维立体的设计模型。这样可以方便施工设计人员更好地把握设计方面不同构件之间的互联关系，增强设计的合理性，真正借助虚拟仿真功能为工程设计提供技术和数据支持，促进工程设计效果的全面提高。

（二）BIM技术在施工现场分析方面的应用

在道路桥梁工程设计方面，对设计进行优化时，如果合理应用虚拟技术，设计师则能更好地分析施工场地的地理环境、地质条件等，并对施工实际情况进行科学系统的分析，进而按照实际情况对设计思路进行适当调整，增强设计的可行性和施工的合理性，确保能实现对工程设计成本和施工成本的有效控制。在对道路桥梁工程现场情况进行分析的过程中，利用BIM技术能及时发现施工现场存在的问题，进而降低施工返工的可能性，确保可以对工程项目实施集约化管理，及时按照施工活动变更设计方案，为道路桥梁工程设计工作的稳步推进奠定坚实的基础。在施工现场对项目组织进行协调的过程中，设计人员结合BIM技术掌握相关信息，能为道路桥梁工程设计方面场地模型机械和物料资源的运送进行合理化安排，进而在统筹管理的基础上加快施工进度，最大限度地减少施工风险，推动施工设计质量不断提高。

（三）BIM技术在道路桥梁设计科技研发方面的应用

在道路桥梁工程设计方面，BIM技术的应用不仅体现在具体设计环节上，与科技研发也存在紧密的联系。将BIM技术应用到道路桥梁设计科技研发工作中，能促进科技研发工作的持续稳定开展。因此，在对道路桥梁中心线设计、三维建模设计、地形图设计及横断面设计进行分析的过程中，可以加强BIM技术的应用，争取能对各项设计要点进行优化，促进设计质量的提高。在具体应用BIM技术的过程中，还要注意对相关设计人员实施积极有效的教育和培训，为设计人员提供专业的技术指导，确保其可以更好地加强对BIM技术的应用，增强科技研发工作的效果。BIM技术在地形图研发方面的应用，便于在道路桥梁施工过程中更好地开展各项工作，促进施工效果的提高，为道路桥梁施工设计工作的持续优化开展创造良好的条件。

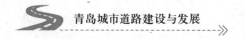

三、BIM在路桥隧设计各阶段的应用

（一）规划阶段

建筑信息模型（BIM）流程，有助于缩短设计、分析和进行变更的时间，最终可以评估更多假设条件，优化项目性能。

（二）勘测阶段

多年来，国内外学者陆续将BIM技术及GIS、GPS技术引入公路勘测中，勘测和设计工具可以自动完成许多耗费时间的任务，有助于简化项目工作流。使用BIM可以在更加一致的环境中完成所有任务，包括直接导入原始勘测数据、最小二乘法平差、编辑勘测资料、自动创建勘测图形和曲面；能够以等高线或三角形的形式来展现曲面，并创建有效的高程和坡面分析。

（三）设计阶段

（1）道路建模。可以帮助我们更高效地设计道路和高速公路工程模型，例如创建动态更新的交互式平面交叉路口模型。同时，可以利用内置的部件（其中包括行车道、人行道、沟渠和复杂的车道组件），根据常用设计规范更迅速地设计环岛，包括交通标识和路面标线等；或者根据设计标准创建自己的部件。由于施工图和标注将始终处于最新状态，可以使设计者集中精力优化设计。

（2）工程量计算与分析。利用复合体积算法或平均断面算法，能够更快速地计算现有曲面和设计曲面之间的土方量。使用生成土方调配图表，用以分析适合的挖填距离、要移动的土方数量及移动方向，确定取土坑和弃土堆的可能位置。从道路模型中还可以提取工程材料数量，进行项目成本分析。

（3）自动生成施工平面图。如标注完整的横断面图、纵断面图和土方施工图等。使用外部参考和数据快捷键可生成多个图纸的草图。这样，在工作流程中便可利用与模型中相同的图例生成施工图纸。一旦模型变更，可以更快地更新所有的施工图。

（4）轻松处理变更与评审。因为数据直接来自模型，所以报告可以轻松进行更新，能够更迅速地响应设计变更。如今的工程设计流程比以往更为复杂，设计评审通常涉及非CAD使用者，但同时又是对项目非常重要的团队成员，这样就可以利用更直观的方式让整个团队的人员参与设计评审。

（5）多领域协作。道路工程师可以将纵断面、路线和曲面等信息直接传送给结构工程师，以使其在软件中设计桥梁、箱形涵洞和其他交通结构物。

（四）施工阶段

目前，BIM的应用在欧美发达国家正在迅速推进，并得到政府和行业的大力支

持。如美国已制定国家BIM标准，要求在所有政府项目中推广使用，并开始推行基于
BIM的IPD（integrated project delivery，集成项目交付）模式。IPD模式是在工程项目
总承包的基础上，把工程项目的主要参与方在设计阶段集合在一起，着眼于工程项目
的全生命期，其基于BIM协同工作，进行虚拟设计、建造、维护及管理。如今，引入
IPD理念和应用BIM技术，已成为当前国内施工企业打造核心竞争力的重要举措。

另外，通过基于BIM的碰撞检测与施工模拟，进行结构构件及管线综合的碰撞检
测和分析，并对项目整个建造过程或重要环节及工艺进行模拟，可以提前发现设计中
存在的问题，减少施工中的设计变更，优化施工方案和资源配置。目前，常用的碰撞
检测与施工模拟软件主要是Autodesk Naviswork和Bentley Navigator。

（五）运营养护阶段

多年来，国内外学者陆续将BIM技术及GIS技术引入公路信息化管理，在公路建
设、路政执法和资产管理方面取得较好的效果。美国联邦公路局将GPS、GIS及多媒
体视频等技术应用到公路资产管理，可以迅速地定位查看损坏的公路资产视频，保证
了道路的安全性。

目前，我国公路养护系统一般采用传统的二维地图显示方位信息。公路系统内包
括运营、路政、养护等多个部门，各个部门有各自的信息系统，彼此之间的数据也是
由各自部门维护，采用不同的数据格式和交换格式，导致无法整合到统一的地理数据
平台上进行有效的数据共享，从而使得部门之间难以实现高效协同。

目前，最有效的方式是将BIM和GIS结合起来，利用移动数据采集系统提供道路
养护检测所需要的数据，再通过利用统一的数据标准，实现地理设计和BIM相结合，
在此基础上建立基于BIM的交通设施资产及运营养护管理系统。利用整合后的BIM模
型信息，将公路资产管理与养护集成到三维可视化平台，同时基于BIM模型，提出预
防性养护决策模型，为公路资产管理、道路养护管理等提供管理决策平台。

四、政府层面的推动与支持

目前，我国已初步形成BIM技术应用标准和政策体系，为BIM的快速发展奠定了
坚实的基础。近年来，国务院、建设部以及全国各省市政府等相关单位，频繁颁发应
用BIM技术的文件。各省市在推广BIM技术方面也做了很多的工作，相继颁发了BIM
相关政策。

从2014年开始，在住建部的大力推动下，各省市政策相继出台BIM推广应用文
件，到目前我国已初步形成BIM技术应用标准和政策体系，为BIM的快速发展奠定了
坚实的基础。2017年，贵州、江西、河南等省市正式出台BIM推广意见，明确提出

在省级范围内提出推广BIM技术应用。2018年，各地政府对于BIM技术的重视程度不减，重庆、北京、吉林、深圳等多地政策出台指导意见，旨在推动BIM技术进一步应用普及。我国出台BIM推广意见的省市数量逐渐增多，全国BIM技术应用推广的范围更加广泛。

2017年02月24日，《国务院办公厅关于促进建筑业持续健康发展的意见》（国办发〔2017〕19号）中指出加强技术研发应用。积极支持建筑业科研工作，大幅提高技术创新对产业发展的贡献率。加快推进建筑信息模型（BIM）技术在规划、勘察、设计、施工和运营维护全过程的集成应用，实现工程建设项目全生命周期数据共享和信息化管理，为项目方案优化和科学决策提供依据，促进建筑业提质增效。

2017年9月2日，《交通运输部办公厅关于开展公路BIM技术应用示范工程建设的通知》中指出，在公路项目设计、施工、养护、运营管理全过程开展BIM技术应用示范，或围绕项目管理各阶段开展BIM技术专项示范工作。具体任务包括：提升公路设计水平、提高公路建设管理水平、推进公路养护管理信息化。

2017年12月29日，《交通运输部办公厅关于推进公路水运工程BIM技术应用的指导意见》中指出：到2020年，相关标准体系初步建立，示范项目取得明显成果，公路水运行业BIM技术应用深度、广度明显提升。行业主要设计单位具备运用BIM技术设计的能力。BIM技术应用基础平台研发有效推进。建设一批公路、水运BIM示范工程，技术复杂项目实现应用BIM技术进行项目管理，大型桥梁、港口码头和航电枢纽等初步实现利用BIM数据进行构件辅助制造，运营管理单位应用BIM技术开展养护决策。要把握工程设计源头，推动设计理念提升；打造项目管理平台，降低建设管理成本；加强BIM数据应用，提升养护管理效能；推进标准化建设，研发应用基础平台；注重数据管理，夯实技术应用基础。

2019年12月3日，《交通运输部关于印发〈交通运输重大技术方向和技术政策〉的通知》（交科技发〔2015〕163号），将"桥梁智能制造技术"列为交通运输十项重大技术方向和技术政策之一。针对未来我国桥梁智能建造技术的发展，提出以下几点思考与建议：① 构建架构完善的技术体系。目前的桥梁智能化建造技术研究及应用实践非常零散，需打造从基础层、支撑平台、关键技术、产品及应用的五个层次技术体系。② 加强核心领域的技术攻关。还需继续对涉及智能建造的桥梁设计、装配式结构、高性能材料、施工与装备、传感与监控、运营管理等开展深入研究，推进全产业链的智能化发展。③ 提升核心技术的统筹能力：大数据、物联网等都是以计算机专业为主导的新兴技术，如何统筹这些技术在桥梁建造中的应用成为关键。④ 打造专业齐全的研发团队：目前我国在工程技术、工程管理方面的人才队伍较为齐备，但智能建造相关领域人才仍严重缺乏，亟须建立智能建造技术研发团队和人才梯队，培养一定数量既懂工程技术又具有数字化思维的复合型人才。

第二节 青岛市城市道路建设中BIM的应用

一、BIM在江山路与前湾港路立交桥工程中的应用

（一）项目概况

江山路与前湾港路立交位于青岛经济技术开发区北部区域，节点是港区南向疏港交通与区域南北衔接交通交汇节点，亦是经济技术开发区南北区域与西部居住区衔接重要转换节点，工程所在地现状管线密集，专业管线错综交叉。

该项目为山东省首批市政类BIM技术应用试点示范项目，也是BIM技术在青岛市大规模城市立交中的首次全面应用。

图5.1 江山路与前湾港路立交总体方案效果图

江山路（南北向）主线布设为双向六车道，主线两侧设置集散车道，以高架桥形式上跨前湾港路（东西向）。前湾港路采用地面道路形式，主线布设双向四车道，服务东西向货运交通，主线两侧设置集散车道。立交节点所有匝道均服务客运转向交通，其中右转交通均通过定向匝道转换；左转交通均采用环形匝道形式，匝道均布设为单向单车道

该项目综合管廊内敷设管线主要包括电力、通信、给水及热力四种专业管线。江山路综合管廊，主线管廊长度约652 m，主线管廊采用三舱及两舱断面形式。前湾港

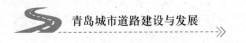

路综合管廊主线管廊长度约756 m，主线管廊采用三舱及两舱断面形式。

（二）软件解决方案

1. 道路专业

道路专业主要应用软件为鸿业路易系列软件，旨在为设计人员提供完整的智能化、自动化、三维化解决方案。基于BIM理念，以BIM信息为核心，实现所见即所得、模拟、优化以及不同专业间的协调功能；拥有完整属性的整体对象，提供精确的工程算量数据。鸿业交通设施HY–TFD，紧密结合国标，提供参数化绘图方式，内置大量标志图库，快速设计交通标线，自动统计各类交通标志牌、标线的工程量。

2. 桥梁专业

桥梁专业主要应用软件为Revit2015、桥梁博士。使用Revit软件对立交结构进行设计，实现三维可视化。将Revit模型导入Midas软件对桥梁结构进行整体计算，在软件中对桥梁预应力钢束进行设计、调束，并直接通过软件生成预应力钢束图纸，提高图纸的绘图效率。

3. 管线专业

管线专业主要应用软件为鸿业管立得10.5。鸿业三维智能管线设计系统包括综合管廊、给排水、燃气、热力、电力、电信、管线综合设计模块，地形图识别、管线平面智能设计、竖向可视化设计，平面、纵断、标注、表格联动更新。管线三维成果可进行三维合成和碰撞检查，实现三维漫游。

4. 管廊专业

管廊专业主要应用软件为鸿业综合管廊2015。其特点是可视化，复杂问题简单化，隐蔽问题表面化；参数化，设计人员沉浸设计思维，关注模型整体性，其特点是关联性，操作高效，对后期改图、出图提高效率明显；准确性，模型对应图纸，有效规避人为疏漏其特点是平、立、剖双向关联，构件仅需绘制一次，避免重复作业，避免低级错误，其特点是碰撞检查，暴露缺陷，避免疏漏，缺陷发现在图纸中而不是项目建设中，其特点是后期修改，具有信息化模型效率的优势，设计人员更多地关注设计本身，图纸作为末端产品自动随设计而改变。

（三）实施规划

（1）第一阶段：BIM实施计划调研。实施日期：2017年2月6日~2月20日。

阶段目标：明确BIM实施目标，通过调研了解和掌握本工程部BIM团队实施基础，了解后续与BIM相关的管理流程和体系，成果提交，BIM实施调研报告，详细实施报告。

（2）第二阶段：BIM模型创建。实施日期：2017年2月21日~5月31日。

阶段目标：创建BIM模型，进行施工图设计。BIM各专业建立BIM模型，进行BIM建模培训，BIM模型准确性核对，对各专业BIM模型进行碰撞检查，BIM模型在系统上分权限数据共享，成果提交，BIM建模成果报告，BIM碰撞报告。

（3）第三阶段：BIM成果交付。实施日期：2017年7月至今。

阶段目标：BIM模型交付给施工单位，进行设计交底；施工单位根据BIM模型精准放样，指导施工。

（4）第四阶段：BIM模型维护。实施日期：2017年7月1日至今。

阶段目标：根据设计变更动态调整BIM模型，同时探索BIM模型在施工指导、材料管理、成本管理、碰撞检查等方面的应用，进行BIM技术岗位应用指导以及形成配套的BIM应用流程，BIM团队培养，BIM小组人员在BIM平台上协同共享，数据查询，成果提交，形成BIM应用配套流程、管理制度。

（四）实施技术路线

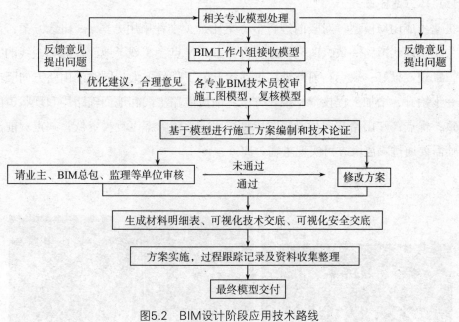

图5.2　BIM设计阶段应用技术路线

（五）应用目标

（1）道路专业。道路专业在快速建立三维模型的基础上，实现总体方案的展示、工程量提量、平纵横大样施工图出图，实现传统的二维向三维设计、粗放型设计向精细化设计的转变，并通过设计成果的实时优化与评价，提升工程设计的效率、科学性及合理性。

（2）桥梁结构专业。桥梁专业通过BIM建模实现三维可视化、结构优化、施工交

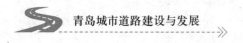

底。钢结构天桥等结构实现碰撞检查、工程量统计、剖切断面出图。人行通道建模实现完整的材质赋予和工程量的统计，并体现与周边结构的协同关系。管廊结构计算建模与工艺专业模型互导，实现与上游专业关联互动。

（3）管线综合专业。利用鸿业管立得11.0对现状管线进行描绘，在管线迁改设计工作中完成可视化设计，减少管迁工程量，降低施工难度。将综合管廊与雨污水及其他管线相结合，控制雨污水等重力流管线竖向因素，减小综合管廊埋深，降低工程造价。将管立得文件与路立得文件相结合，形成视频文件，实现所见即所得。

（4）综合管廊工艺专业。综合管廊工艺专业通过Revit建模实现三维可视化设计，实现出线井等复杂节点的设计；实现专业之间碰撞检查、设计标准碰撞检查、附属设施碰撞检查；实现节点工程量统计、三维模型转化为二维图纸，图纸作为末端产品自动随设计而改变。

（六）具体应用

1. 总体方案比选

快速生成BIM模型，对竖向进行多方案比选（推荐采用方案）。比选方案：前湾港路主线与现状道路一致，两侧辅路抬升方案；优点：实现了地面辅路和主线的完全分离，景观效果好；缺点：前湾港路辅路抬升，工程量增大，同时江山路方向竖向需要进一步抬升，增加工程投资。推荐方案：前湾港路主线和地面辅路均和现状道路标高一致；优点：江山路方向桥梁竖向标高交底、总体方案工程投资低；缺点：前湾港路主辅需要通过隔离墩方可实现主辅分离。

图5.3 快速建模实现对推荐方案的技术支持

2. 模型构建

鸿业路立得Roadleader及鸿业交通设施HY-TFD：① 旨在为设计人员提供完整的智能化、自动化、三维化解决方案。② 基于BIM理念，以BIM信息为核心，实现所见即所得，模拟优化以及不同专业间的协调功能。③ 拥有完整属性的整体对象，提供精确的工程算量数据。

　　桥梁专业在本工程的BIM应用中，使用Revit软件对主线桥、匝道桥、人行钢结构天桥、人行通道、混凝土悬臂挡墙等进行BIM模型建立并汇总，实现桥梁结构工程的三维可视化。

　　利用管立得对勘测院提供的物探资料现状管线的识别，可迅速完成现状勘测管线的三维转换，为下一步的管线碰撞检查提供前提。

　　为集约利用综合管廊功能，将人员出入口与端墙合并设置，在复杂节点将通风井等附属设施一并实施，采用BIM对各节点进行设计，同时对内部管线、楼梯等可视化优化布置。

图5.4　基于路立得的三维模型

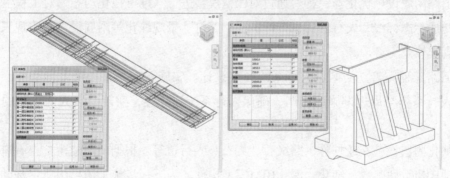

图5.5　主桥、人行通道、附属模型图

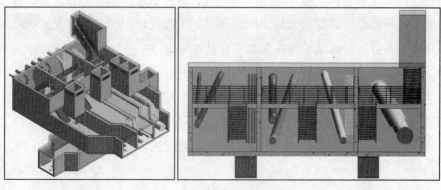

图5.6　综合管廊节点模型图

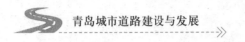

3. 深化设计

利用鸿业路立得对重要节点进行了交通模拟，直观展示了立交方案实施后交通组织情况，为相关领导决策提供了重要依据，极大地方便了与规划、交警、建设等部门的对接。

管线专业在路立得模型基础上搭建管线数据模型，工程建设涉及大量管线迁改和新设，不但用地空间受限，还需穿越新建及既有管线，且与相接道路存在多处横向管线交叉。利用BIM技术进行三维管线综合设计和碰撞检查，并搭载综合管廊Revit模型，实现管位合理布置和空间利用最大化。

道路路基、路面参数化模型深化设计。基于道路BIM模型，对道路工程上下层路面结构厚度、道路分层施工宽度进行详细模块定义，可利用BIM模型导出相关工程量；根据地勘成果，对路基工程路基处理模型进行参数化定义，实现路基处理范围和工程量的准确定义。模型等级满足国家标准规定的为LOD3等级。

交通工程动态设计与总体复核。利用路易协同设计软件，通过BIM动态模拟各个位置转向，实时查看标志标线、设施设置的合理性，数字化动态完善交通工程细节设计，优化交通设计方案，实现交通设施设计的科学性及合理性。

道路附属设施优化与完善。通过对BIM模型进行三维可视化动态，对工程沿线配置的交通标志标线、人行涵洞、车行护栏、路灯、景观绿化等附属设施，实现三维设计的真实性。

道路工程完善立交区域人行系统模型设计。实施动态调整沿线人行系统，做到立交人行系统与周边设施的协调，确保人行系统连续性，实现"以人为本"的设计理念。

细化附属设施交通杆件、路缘石、界石、人行道等。根据前期建模，查看道路交通各项BIM组件参数，细化、深化BIM模型构件，为下一步施工图出图奠定基础。根据调整杆件形式完成交通结构计算绘图及工程量快速统计。根据所有交通杆件建模，完成交通工程杆件结构计算书和施工图出图。施工图设计阶段对于涉及的隔离墩、路缘石、界石、人行道等附属设施详细定义其尺寸结构。

桥梁专业在本工程的BIM应用中，使用Revit软件对主线桥、匝道桥、人行钢结构天桥、人行通道、混凝土悬臂挡墙等进行BIM模型建立并汇总，实现桥梁结构工程的三维可视化。使用Midas软件对桥梁结构进行纵向计算，在软件中对桥梁预应力钢束进行设计、调束，并直接通过软件生成预应力钢束图纸，提高绘图效率。

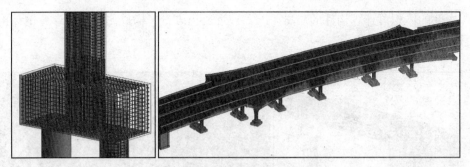

图5.7　下部结构配筋及主桥模型

　　数据信息互通，结构计算模型与工艺专业模型互导。在综合管廊的设计中，工艺专业已使用Revit软件直接进行BIM设计。尤其对于出线井节点，大幅提高了工作效率，保证了设计质量。结构专业传统设计根据工艺提供图纸进行识图，再在结构分析软件中进行建模计算。传统建模过程相对复杂，效率较低。管廊设计结构专业应用Midas Gen软件2017版，通过Midas Link for Revit Structure插件，将Revit模型直接导入Midas Gen中，省去模型建立过程，提高建模效率。并且可以在Gen中修改结构尺寸等反馈回Revit软件，与上游专业关联互动。出线井设计，难点在于主沟与支沟上下层的交互设计，以及管线的竖向衔接。传统二维设计中，设计人员对出线井每条线、每个孔洞均需细化设计，工作量较大，且如需修改一处，多会引起平立剖均需修改。利用Revit三维可视化设计，使得在传统二维设计中的复杂节点设计变得简单易行。三维可视化设计，可以实现在多个视口，在任意位置实现修改，使设计更加直观、准确、高效。

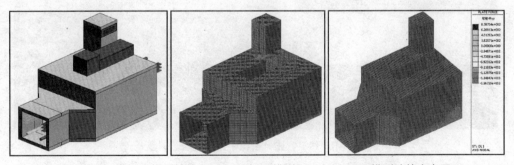

图5.8　工艺Revit模型结构、MIDAS GEN模型、MIDAS GEN模型计算内力图

　　人行钢结构天桥，碰撞检查、信息赋予及工程算量。钢结构天桥构件繁多、复杂，在BIM设计中使用Revit软件进行构件碰撞检查。通过Revit的"明细表"功能，进行工程量计算统计，统计出单个构件的体积、表面积、材质等数据信息。通过提取的构件工程量可与传统CAD二维绘图手算工程量进行复核，并为下游专业提供数据参

考。构件的体积可计算构件的质量（kg）或混凝土方量，构件的面积可计算钢结构的涂装面积。

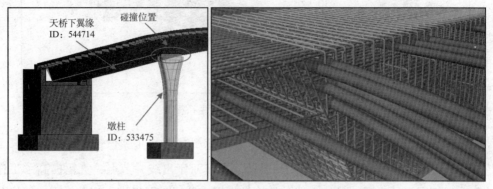

图5.9　天桥结构碰撞与预应力钢筋束碰撞图

　　道路竖向净空优化设计，对于优化后的模型，数据文件同步提交给其他专业进一步优化设计。前湾港路方向主线在满足净空、净距要求下，最大限度压缩上下层净距，优化江山路桥梁竖向标高。通过建立的BIM模型，对跨线桥进行视距、净空检测，生成检测报告，同步调整BIM模型及立交总体设计方案，确保了设计成果及BIM模型成果涉及的地面和江山路跨线桥及附属设施净空、净距满足设计规范要求。江山路立交桥下净空需满足最低5 m要求，最高净空需根据桥梁纵坡、桥下车辆行驶舒适度进行动态调整。

图5.10　建筑界限分析与桥梁桥底动态调整

　　三维漫游展示与施工交底。将BIM模型交付施工单位，同时进行施工交底。由施工单位进行施工模型的构建，合理组织施工计划。针对传统的施工项目计划多采用偏差控制，组织上采用"推式"工作流，不利于施工管理的及时应变和偏差的主动性预防控制。将BIM技术与施工模型构建进行集成，构建施工管理模型，分析模型集成的关键技术，将计划与控制、技术与管理双维度进行集成，实现建筑施工实时可视化的高效管理。

施工深化设计。由于施工工期较长，构件制作安装贯穿整个施工过程，深化设计涵盖专业、内容较广泛，设备选型、调流组织、运输线路、吊装方案等直接影响深化设计工作。通过BIM模型进行施工组织模拟，可以及时调整实施方案。

施工方案模拟。利用BIM场地布置软件提前规划项目驻地及施工现场，能做到直观、明确，易于考察成品效果、查漏补缺、汇报及交底，并直接指导现场临建设施施工工作，提高工作效率。

预制构件加工。通过BIM技术，将预制构件可视化、参数化，实现预制构件与主体构件现场无缝拼接。桥梁墩柱采用异形钢模板，模板厂家利用BIM模型精准制作混凝土模板，实现混凝土现场浇筑符合设计要求。利用BIM模型精准预制支沟单仓综合管廊。

进度模拟及优化。基于BIM模型，在BIM 5D平台中将工序计划进度与模型挂接，进行进度模拟及优化，缩短工期20余天。

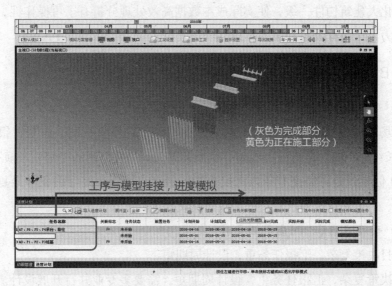

图5.11　进度模拟及优化

（七）实施效益

（1）管理效益。利用集成管理平台可以方便各专业之间交流沟通，极大提升工作效率。项目交流会议中，各专业设计人远程查看平台模型，及时发现设计问题，提高专业协同水平。在项目中可以运用BIM技术建立3D可视化信息模型，将各阶段与各环节数据导入模型之中，进行整合与分析，提供项目参与各方数据支持；关联相关数据对工程的进度、成本进行把控，对工程中的难点和重点做提前预演，指导后期施工。

（2）质量效益。利用三维设计软件建模，在初步设计过程中，可以规避大量非技术失误；在施工图设计过程中，通过三维碰撞检查，及时发现各专业间的设计纰漏等问题。施工图阶段发现各专业设计问题65处，施工阶段发现综合管廊施工受限位置6处，目前暂无施工质量问题。

（3）速度效益。较常规二维设计相比，本工程运用BIM技术将设计、绘图时间缩短近30%，极大提高设计效率。同时，BIM成果也为工程审图、招投标、施工提供全面资料，降低沟通信息不对等问题。

（4）经济效益。通过导入BIM技术实现精细化管理，项目在经济效益上得到了大幅改善与提升。在传统项目管理模式中，数据分析需要花费很长时间，而且周期性与维度方面难以满足现在项目需求。运用BIM技术建立数据库关联项目相关数据，实现各管理部门对各项目基础数据的协同和共享；加强业主对项目的掌控能力；为后期设计提供准确基础数据，提升BIM价值。除此之外，通过BIM数据库，可以建立与项目成本相关的数据节点，例如时间、空间、工序、工法、物料应用状况等，使得数据信息可以细化大建筑构件一级，使实际成本数据高效处理分析有了可操作性，提升精细化管理能力，从而有效控制成本，提高经济效益。

二、BIM技术在新机场高速连接线工程中的正向应用

（一）项目概况

新机场高速连接线工程西起青兰高速（国高）双埠收费站，东至青银高速（国高），全长约9.8 km，是青岛市规划"六横九纵"高快速路网的中部"一横"。项目总投资约74亿元，是青岛市有史以来投资规模最大，同时也是沿线条件最复杂、实施难度最大、工艺和技术要求最高的市政道路交通项目。

（二）项目难点和BIM应用必要性

1.项目决策复杂，汇报任务重，设计周期短

项目决策复杂，汇报任务重，设计周期短，需要多专业并行开展设计。作为青岛胶东新机场转场最重要的快速保障通道之一，项目建设迫在眉睫，设计周期总计70天。同时，由于项目总投资高、拆迁影响大、项目建管模式新颖，多种因素致使项目决策复杂，汇报任务重。因此，需基于BIM技术及倾斜摄影，实现密集的对外展示、汇报及多专业协同设计，科学制订总体计划及项目拆迁范围。

2.设计、施工制约因素多

工程沿线须穿越既有高速铁路、在建和规划地铁、水源地保护区、机场限高区等重点区域并与青银高速采用立交相接，项目建设条件复杂、实施难度大。必要性：需

结合BIM技术整合所有外部环境和控制因素，直观体现控制性因素及其相互关系，充分论证方案可行性。

3.涉铁节点施工风险高，工期不可控

涉铁节点为国内跨径最大的钢箱梁T构转体桥，且同时在2条营运的国家干线高铁两侧及下方施工，施工难度大、施工风险高、工期不可控。因此，需针对涉铁节点开展施工模拟，对天窗点施工组织、场区机械站位、铁路安全净空等进行模拟，有效控制工程施工风险及工期。

4.预制装配式桥梁担负着后期的应用与推广

该项目为青岛第一个大规模采用预制装配式桥梁的市政项目，如何借助本项目实现预制装配式桥梁的外观改良、提升，并实现预制装配式在全市市政桥梁行业的推广，是需要认真考虑的问题。我们需借助BIM技术，通过模型展示、优化预制装配式桥梁外观，解决建设单位担忧，并解决预制装配的精细化生产和管理问题，助力预制装配式桥梁在全市的推广。

5.后期管理要求高

高架系统为快速路+高速模式，地面辅路为228国道，车速快、交通量大、大型车比例高，后期管理要求高。我们需借助BIM模型进行平纵组合优化，开展Vissim、虚拟驾驶等各类仿真模拟，实现工程设计、建设与后期管理统一。

6.项目用地红线受限，现状管线复杂。

现状道路管网密集且部分管线迁改难度大，桥梁墩柱布置与管线迁改方案相互影响，受红线宽度限制，需要深化研究桥梁墩柱与管线布设方案位置关系，以求前期明确工程整体征迁范围及投资体量。我们需借助BIM技术统筹考虑道路、高架桥与管线之间的相互关系，实现专业间立体衔接，实时优化方案。

（三）方案设计阶段BIM技术应用

基于倾斜摄影，实现现状与规划的融合，直观展现工程方案与现状构筑物的关系。该工程位于流亭机场限高区内，航拍受限，在开展机场要点航拍的同时同步开展倾斜摄影拍摄，共完成约5 km^{2}的倾斜摄影。

BIM模型与倾斜摄影融合，直观展现工程方案与现状厂区、场地、道路、铁路等构筑物的关系，使甲方、审批单位更好地了解、认知工程总体方案，便于甲方决策。

基于模型与倾斜摄影结合，精确把握拆迁范围，项目总拆迁面积由40余万m^{2}降低至不足30×10^4 m^2，拆迁面积降低约40%。

图5.12　基于倾斜摄影与规划方案的融合

（1）基于BIM成果，实现对高速及快速衔接交通组织的可视化汇报，取得了良好的汇报效果。

（2）利用BIM成果，进行总体方案平、纵线形设计，复核道路净空，实现限界检查。

（3）结合BIM模型，进行Vissim仿真比选，优化高架车道数布置，实现最佳投资效益。对于东段主线，采用交通仿真软件Vissim进行仿真，双向六车道方案与双向八车道方案相比，高架主线旅行时间及延误时间相差较小，快速路服务水平均为C级；综合比选仿真数据结果及经济效益指标，双向六车道方案具有较高性价比。

（4）实现桥梁外观方案可视化比选，便于决策。由专业设计人员直接进行桥梁上下部模型创建，不仅能保证模型准确度，也能加深设计人员对方案的把控能力。模型导出后进行简单后期处理，即可满足汇报、决策需要。

图5.13　桥梁外观方案可视化比选

（5）利用鸿业管立得识别物探资料，快速建立大范围的管线模型。

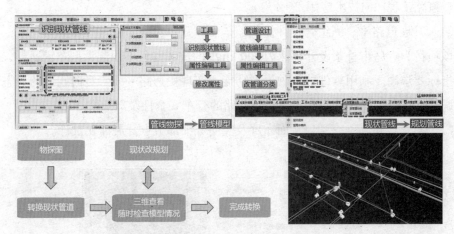

图5.14　管立得快速建立管线模型

（6）与测绘单位沟通，确定识别规则，形成物探资料标准格式及对应的转换规则，效率提升50%。

（7）基于鸿城平台实现协同设计。合理确定桥梁墩柱布置及管线迁改方案。通过对沿线现状管线建模，桥墩布置时合理避让不能迁改的重要管线；管线专业根据桥墩位置确定管线迁改的最优方案，两个专业之间通过鸿城平台开展协同设计，既提升了工作效率，同时也降低了工程施工的不确定性。

通过多专业协同设计及合模，实现全线、全专业、全元素的虚拟仿真漫游。通过漫游，查看专业之间协同设计成果，检查各专业相关设施的完整性、合理性。

实现BIM模型轻量化汇报及网页、移动端设备的随时随地浏览。基于鸿城CIM集成平台，进行整个项目全线的展示汇报，更加直观生动地展现总体方案与设计前后的关系、总体方案与周边环境的关系，协助技术人员和非技术人员之间进行更好的沟通，提升汇报沟通质量。同时，将鸿城模型无损上传到平台，且进行轻量化处理，可在网页及移动端设备上实现模型的浏览查看。

图5.15　鸿城平台移动端模型的浏览

（四）施工图设计阶段BIM技术应用

1. 道路工程BIM技术应用

（1）开展道路平、纵组合设计优化，全面提升快速路交通运行安全。

该项目为青岛市首条设计车速为100 km/h的快速路且不限制大型车辆通行，道路线形指标要求高。利用软件的驾驶模拟功能，实现快速路平面、竖向线形的动态优化设计调整，进行平纵线形组合，提高快速路的行车安全性及舒适性。

（2）对全线超高、交叉口平面布置及竖向等细部节点开展深化设计。

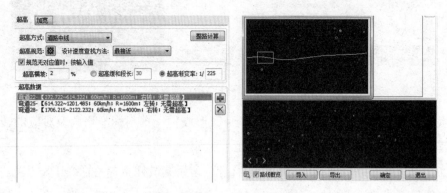

图5.16　超高、加宽自动设置

（3）结合三维地质分段建模，细化道路断面、路基、路面及附属结构，实现模型精细化构建及工程量快速统计。

本项目车行道共涉及50余种道路断面形式，通过对道路断面及详细多类路面结构的详细定义（包括快速路+主干路+支路等多类路面结构），实现工程量快速统计。对不同地质段路基处理范围及处理深度进行建模，实现路基处理工程量一键统计，快速完成路基工程量计算。

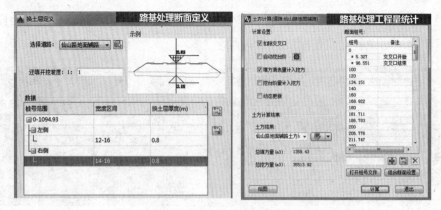

图5.17　路基处理工程量统计

（4）针对道路细部节点开展精细化设计，实现细部节点的全方位比选与展示。

基于前期建立的模型，对道路细部节点进行精细化建模，如复杂路口、中分带端头二次过街、无障碍设施等节点，模型精度满足指导现场施工的要求。

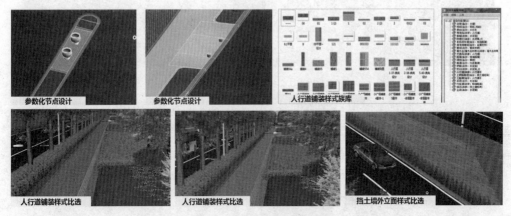

图5.18 细部节点精细化建模

2. 交通工程BIM技术应用

（1）借助BIM技术实现多杆合一。本着节约投资、提升道路各类设施空间利用率的原则，对沿线各类设施进行统一整合。本工程合杆杆件共分六大类，37小类；通过多专业可视化校审工作，合并后的交通杆件数量为166件，较合杆前的465件减少299件，杆件投资减少约650万元，同时净化了道路视觉空间。将整合后模型同步用于可视化施工交底，大幅提升了交底的准确性及效率。

图5.19 交通设施多杆合一

（2）首次实现异型交通杆件3D打印并导入计算软件ANSYS，实现快速、准确计算。Revit合杆模型与3D打印相结合，实现1∶10实体模型的快速打印及直观展示，取得了建设单位的一致好评及对杆件合杆的认可。Revit合杆模型导出sat格式，导入Ansys进行快速分析、计算。

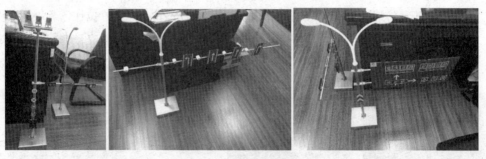

图5.20　交通设施3D打印

（3）开展交通轨迹模拟，合理布置交通流线。地面辅路为国道且穿越工业区，大型车辆比例较高，通过BIM技术模拟大型车辆多车道左转，合理布置交通流线，能够保证路口交通安全及通行效率。

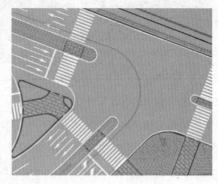

图5.21　交通运行轨迹线模拟

3. 桥梁工程BIM技术应用

（1）实现30余种桥墩及盖梁正向设计及构造出图。本项目桥墩类型多达20余种，形式多样且复杂，通过正向设计创建三维实体桥墩，最终实现构造出图；盖梁类型共计30种，通过正向设计创建三维实体盖梁，最终实现构造出图。同时，将模型传导至施工阶段用于桥梁钢制模板的精确加工及模板配置动态优化，保证现浇构件清水混凝土的外观效果。

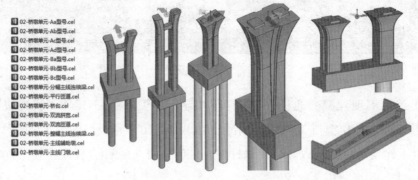

图5.22　桥梁下部结构模型

（2）桥梁上部结构模型创建——钢混叠合梁、整幅小箱梁、分幅小箱梁、变截面连续梁创建钢混叠合梁、整幅小箱梁、分幅小箱梁、变截面连续梁模型，校验误差并快速统计工程量。

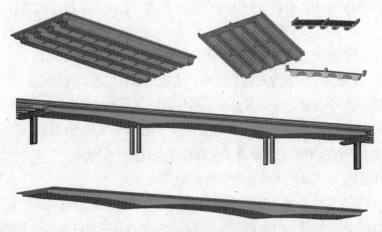

图5.23　桥梁上部结构模型

（3）实现模型计算一体化，大幅提高了设计效率。模型一键导入结构计算软件进行计算。

（4）精确表达机场净空与桥梁结构的三维曲面关系，提高了与航空监管局的对接协调效率，实现了施工计划的统筹安排。

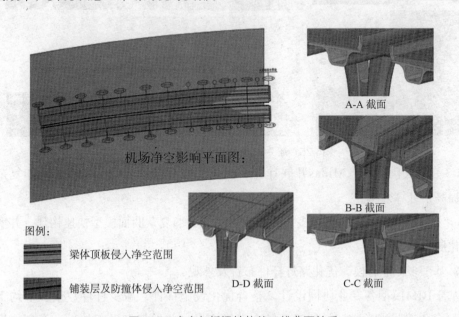

图5.24　净空与桥梁结构的三维曲面关系

4. 管线工程BIM技术应用

（1）基于管线三维模型，通过鸿城平台，直观展示管线与桥墩、道路的关系，动态优化设计。

（2）借助BIM技术在有限空间内优化管线布置，避让无法拆迁的建筑，降低工程实施难度。

5. 基于BIM精细化建模突破景观专业设计壁垒

（1）进一步完善了景观专业模型族库，实现了景观工程快速模型，通过与其他专业合模实现建成后全专业、全元素显示，所见即所得，大幅提高设计效率。

（2）景观设计模式由常规的二维出图+施工期汇报升级成为BIM实景模型+二维平面图计量+施工期按模型施工，提高了景观设计全过程工作效率。

6. 基于BIM技术实现超大曲面景观雕塑的突破

（1）路口节点景观专项：黑龙江路口雕塑，长120 m，宽27 m，高30 m，离地高度约15 m，为青岛市规模最大的雕塑，未来将成为胶东机场进出市区的标志性构筑物。

（2）采用犀牛软件建模：实现异形复杂曲面模型快速构建，并实现可视化汇报、展示。

图5.25　犀牛软件的复杂曲面快速构建

（3）建成模型导入Midas开展计算，简化了原有设计流程，降低了工作复杂程度，提高了计算效率。

（4）模型导入鸿城，实现多专业合模：实现异形复杂曲面模型快速构建，并实现可视化展示。

7. 基于多专业合模，优化路灯杆件布置及外观

基于BIM模型各专业协同设计，整合优化设施杆件，减少杆件数量和节约工程造价，净化道路视觉空间。同时，结合合模成果，依据现场景观效果，合理选择路灯样式。

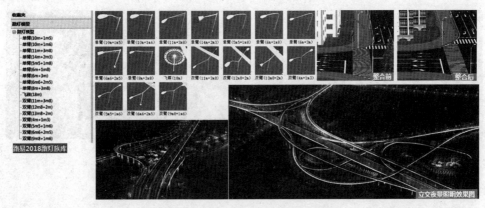

图5.26　路灯杆件布置与景观效果

8. 开展施工模拟，有效控制涉铁施工风险

涉铁节点为国内跨径最大的钢箱梁T构转体桥，且同时在营运高铁线两侧及下方施工，施工难度大、施工风险高。开展施工阶段BIM模拟，对天窗点施工组织、场区机械站位、铁路安全净空等进行模拟，以有效控制施工风险及缩短施工工期。

9. 实现BIM技术与施工图正向设计出图一体化

根据BIM技术正向设计成果，实现三维校审、二维出图，提升设计效率。将深化设计BIM模型提交给校核、专业负责人，对成果进行校核复核，验证数据是否准确。根据BIM模型校审后调整结果，基于BIM模型完成二维出图。

10. 开展三维可视化施工设计交底

采用二维施工图+三维BIM可视化模型，双控指标完成施工图设计交底，交底内容更形象，表达更清晰。利用BIM可视化强的特点进行施工交底，取代以往技术员抽象的描述以及难懂的施工图纸，让交底内容更加形象，表达更加清晰，工人更容易接受和掌握。基于BIM可视化设计交底的方式，可以向业主、施工单位、监理直观展示施工图设计意图。

（五）BIM技术创新与拓展应用

1. 基于模型及倾斜摄影实现项目大场景展示

基于本项目前期完成的BIM三维动态可视化展示与汇报，得到青岛市、区两级政府的好评，为项目的快速推进及准确决策奠定了基础。同时，工程拆迁得到了有效控制，项目投资得到最大程度的利用。

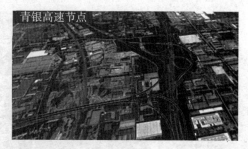

图5.27　项目大场景展示

2. 首次实现BIM模型与效果图、3D动画的深度结合

鸿业BIM模型建模速度快、精度高，模型可以传导至下一阶段，但是展示效果一般。效果图、3D动画的展示效果好，但是需提前采用3D建模，建模速度慢、精度差，模型后续利用率差。采用鸿业快速建模，格式转换后导入3D实现精修最终导入PS或Lumion中实现效果图及动画制作，大幅提高了3D动画的制作效率及展示精度。

图5.28　模型与效果图制作软件的结合

3. 助力桥梁预制装配技术及清水混凝土技术的推广

（1）优化了小箱梁外观造型并解决了预制装配的精细化生产问题。

（2）实现曲线钢制模板的精确加工及模板的最优配置，保证了清水混凝土现浇构件外观效果。

4. 开展复杂节点施工模拟，有效控制施工风险及工期

项目复杂节点，尤其是涉铁节点开展施工阶段BIM模拟，对天窗点施工组织、场区机械站位、铁路安全净空等进行模拟，以求有效控制施工风险及缩短施工工期。

下一步将结合项目争创鲁班奖的契机，依据设计模型统筹搭建BIM施工平台，结合模型开展施工模拟及工程管理，真正实现BIM数据互联互通。

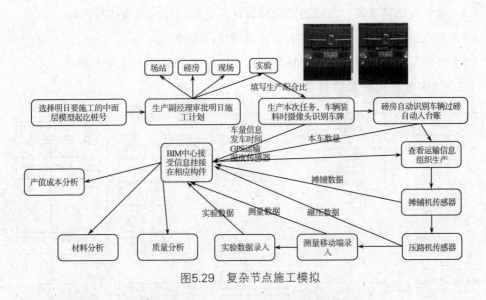

图5.29　复杂节点施工模拟

三、BIM数字化助力市政工程EPC总承包管理模式

（一）项目概况

李王路拓宽工程作为青岛市全力推进新机场高速和周边普通国省道改扩建的重大工程项目，由市住房城乡建设局牵头，协调辖区政府组织实施，是在极端恶劣天气下，保障市民高效便捷进出新机场的重要应急保障工程。

（二）EPC总承包模式项目特点

本项目市政工程EPC模式作为山东省内先行实施EPC总承包管理模式的前期工程，主要目的是为了发挥设计在整个工程建设过程中的主导作用，以设计优势推动工程进展，并将工程设计、工程管理和工程施工良好结合。

1. 项目管理难点

（1）实体实地基础信息复杂：工程实体基础信息影响因素多，变更概率大。

（2）设计、施工异地沟通量大：设计部门与项目部异地，对现场情况的表述及设计文件的理解，各方均难以保证信息传递的完整性及真实度。

（3）审核流程及工作量大：设计施工一体化导致部分工作内容审核流程增加。

（4）工程周期及处理效率要求高：设计单位需及时跟进项目建设进度，施工反馈、业主审核、设计解决等均要求处理效率的提高。

2. 项目专业难点

（1）多、杂、难：基础资料繁多，涉及图纸繁杂，资料查阅困难。

（2）专业关系复杂：专业设计之间交互性差，专业相关关系及影像表达不直观。

（3）设计表达需求高：市政道路立体设计部分空间计算及表达需求高。

（4）节点意向难述：复杂节点的设计意图难以表述。

（5）环境与预判性差：工程现场环境多变，施工组织设计预判性差。

（三）BIM数字化途径运用特点

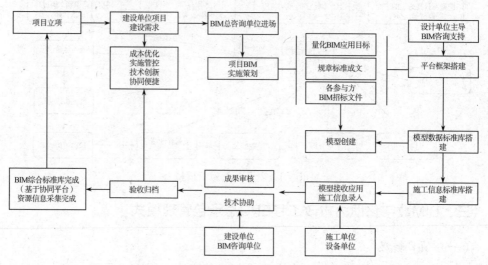

图5.30　项目实施架构图

（1）融合。领先性进行设计单位与BIM第三方深度融合合作，发挥设计单位的行业专业化优势与BIM第三方的数字标准及软件开发能力优势。

（2）标准。依托设计院与BIM咨询单位的既有市政工程数字化管理标准，更流畅地实现过程的可视化协同。

（3）贯通。将建设、设计、施工、监理等相关方统一纳入BIM数字化实施体系，并由BIM第三方关注交付运维的需求导向。

（4）数字。以数据驱动管理进场，以可视化降低管理难度，将数模进行"对应式"结合，从项目管理和运维需求倒求数据建立过程。

图5.31　项目BIM数字化突破与实施方向

（四）BIM数字化实施流程说明

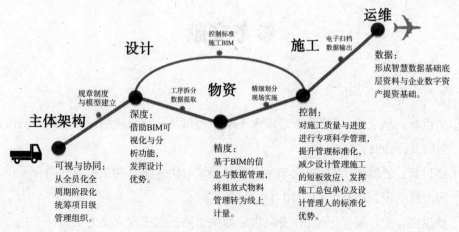

图5.32　项目实施流程及关注点

（1）优先明确项目建设、设计、施工、监理等各方权责，采取账号制形式，形成线上项目管理组织架构。

（2）参建多方人员可基于可视化协同模式，在线实时沟通、讨论、记录，非正式与正式讨论同步进行。

（3）项目大事件及工程动态跟踪：对重要工序、重要现场资料、重大工程建设工艺实施实时及可视的工程动态跟踪，并做好影像资料及轨迹记录。

（4）全专业可视化浏览、批注、协同（电脑端）。

（5）电子文档管理与更新：分阶段分权限浏览下载，且实体工程资料均与模型进行关联，支持多方同时进行在线讨论。

（6）常规流程表单在线填报：项目将常规常用流程表单进行电子化，采用在线填报审核批复模式，形成项目表单库，以便后期数据检索查询。

参考文献

［1］褚世新，丛玉胜，胡明.青岛市火车站—福州路城市快速路设计［J］.城市道桥
与防洪，1998，1-5.

［2］褚世新，鲁洪强.青岛市火车站至福州路城市快速路二期工程设计简介［J］.中
国市政工程，2005（4）：10-11.

［3］鲁洪强，王广福，王玉田.青岛市东西快速路三期工程立交方案设计［J］.青岛
理工大学学报，2005，26（5）：109-113.

［4］张甫田，赵焕军.青岛海湾大桥青岛端接线工程总体设计［J］.城市道桥与防
洪，2009（5）：13-16.

［5］刘轶佳.首尔清溪川以生态环境为主导的城市复兴工程［J］.山西建筑，2008，
34（33）：41-42.

［6］冷红，袁青.韩国首尔清溪川复兴改造［J］.国际城市规划，2007，22（4）：
43-47.

［7］郭军.韩国首尔构建人水和谐的清溪川重建工程［J］.中国三峡建设，2007
（2）：67-72.

［8］周鸣，罗建晖.外滩地区交通组织研究——上海外滩通道工程［J］.城市道桥与
防洪，2008（3）：5-8.

［9］阮仪三，朱晓明，张波.上海外滩地区历史建筑保护［J］.规划师，2003，19
（1）：34-38.

［10］吴威，奚文沁，奚东帆.让空间回归市民——上海外滩滨水区景观改造设计
［J］.中国园林，2011（7）：22-25.

［11］张斌.基于Bentley市政快速路BIM正向设计应用研究［D］.青岛：青岛理工大
学，2018.

［12］姬涛.BIM技术在道路桥梁设计优化方面的应用［J］.河南科技，2018（26）：
118-119.

［13］梁鹏.BIM技术在道路桥梁设计优化方面的应用［J］.四川水泥，2017（7）：
125.